黃河國家治理文獻集成（清代卷）第四十四册

《黃河國家治理文獻集成》編委會 編

總第六十册

清代漢文朱批奏摺黃河治理資料輯録

（九）

楊承 輯

內蒙古出版集團
內蒙古人民出版社

圖書在版編目（CIP）數據

清代漢文朱批奏摺黄河治理資料輯録．九 / 楊承輯．
呼和浩特 ：內蒙古人民出版社，2025．8.--（黄河國家治理文獻集成）．-- ISBN 978-7-204-16664-0

Ⅰ．TV882.1

中國國家版本館 CIP 數據核字第 2025AZ9722 號

清代漢文朱批奏摺黄河治理資料輯録（九）

輯　　録	楊　承
策劃編輯	王　瑶
責任編輯	王　瑶
裝幀設計	劉那日蘇　吉　雅　安立新
責任監印	包鐵柱
出版發行	內蒙古出版集團　內蒙古人民出版社
地　　址	呼和浩特市新城區中山東路 8 號波士名人國際 B 座 5 層
網　　址	http：//www.impph.cn
印　　刷	內蒙古愛信達教育印務有限責任公司
開　　本	880mm × 1230mm　1/16
印　　張	23
字　　數	280 千
版　　次	2025 年 8 月第 1 版
印　　次	2025 年 8 月第 1 次印刷
印　　數	1—1000 册
書　　號	ISBN 978-7-204-16664-0
定　　價	190.00 元

如出現印裝質量問題，請與我社聯繫。聯繫電話：（0471）3946120

編纂委員會

引言

千古河流成沃野，幾年沙勢自風湍。

得益于黄河冲積所帶來的疏松土質和有機物，中華先民利用石製工具開始了農業生産，并逐步發展出旱地粟作農業，『能够最大程度保障食物供給的穩定性，奠定了中華文明起源和形成的堅實基礎』〔一〕。而利用河水灌溉，提高區域可預測農業産量，『在産業史上起着最有决定性的作用』〔二〕。隨後，技術進步、經濟發展、人口增加，讓先民的文化生活大爲豐富。嚴文明先生評價道：『這是一場影響深遠的革命。』〔三〕在這場革命中，平衡水、沙、産、人四者之間的關係，始終是黄河治理的核心問題。四者關係一旦失衡，就容易引發諸多灾患。

歷史上，黄河下游因人口稠密、經濟發達，一直是學術界關注的重點。但自河源至今内蒙古托克托縣河口鎮的黄河上、中游區域，雖遠離王畿，人口稀疏，却也一直備受關注，人們逐步認識到黄河全流域治理是國家的重要任務。《漢書》載：『堤防之作，近起戰國，雍防百川，各以自利。』〔四〕没有全流域的協同治理，僅靠各地分段築堤，則黄河河患無法解决。秦建立了中國歷史上第一個中央集權大一統王朝，秦始皇東巡碣石，刻石銘記『决通川防，夷去險阻』〔五〕，開啓中央政府調動各要素治黄之先河，這『在中國，實質上是國家的一種職能』〔六〕。同時，國家通過對黄河的有效治理，爲沿黄流域人民群衆乃至其他地區人民群衆提供了重要的公共物品和産業支撑，成爲人民群衆眼中中央政府的功過評價指標之一。因此，治黄在增强沿黄各族群國家、政治、文化認同的基礎上，强化了中國大一統國家的合法性，成爲歷代國家治理能力的一個重要測度。

一、黄河治理維護了國家的社會穩定

從秦并六國到漢朝建立大一統國家，中國統一的多民族國家形成并得到初步發展。當時中央政府對所轄疆域有『北邊郡』和『内郡』之稱。内蒙古額濟納旗出土的居延漢簡有載，『貇（墾）田以鐵器爲本北邊郡毋鐵官印器内郡令郡以時博賣予細民毋令豪富吏民得多取販賣細民』，可以看出北邊郡是與内郡相對應的行政管轄區域。《史記》卷二十八『封禪書第六』載：『上乃遂去，並（并）海上，北至碣石，巡自遼西，歷北邊至九原。』〔七〕。《史記》卷三十『平準書第八』載：『天子北至朔方，東到太山，巡海上，並（并）北邊以歸。』〔八〕司馬遷多次提及北邊，足見統治者對北邊治理的重視。

漢武帝時，齊人延年提出從今内蒙古引黄河水經今北京一帶，向東注入渤海，以衛北部邊疆。『是時方事匈奴，興功利，言便宜者甚衆。齊人延年上書言：「河出昆侖，經中國，注勃海，是其地勢西北高而東南下也。可案圖書，觀地形，令水工準高下，開大河上領，出之胡中，東注之海。如此，關東長無水災（灾），北邊不憂匈奴，可以省隄（堤）防備塞，士卒轉輸，胡寇侵盜（盗），覆軍殺將，暴骨原野之患。天下常備匈奴而不憂百越者，以其水絶壤斷也。此功壹（一）成，萬世大利。」』〔九〕《史記》卷二十四『樂書第二』載：『天馬來兮從西極，經萬里兮歸有德。承靈威兮降外國，涉流沙兮四夷服。』〔十〕如今，包頭地區出土了『四夷盡服』瓦當，出土文物與傳世文獻的呼應，成爲黄河治理維護祖國北部邊疆穩定的見證。

《史記》卷三十『平準書第八』載：『嚴助、朱買臣等招來東甌，事兩越，江淮之閒（間）蕭然煩費矣。唐蒙、司馬相如開路西南夷，鑿山通道千餘里，以廣巴蜀，巴蜀之民罷焉。彭吳（吴）賈滅朝鮮，置滄海之郡，則燕齊之閒（間）靡然發動。及王恢設謀馬邑，匈奴絶和親，侵擾北邊，兵連而不解，天下苦其勞，而干戈日滋。』〔十一〕清代《汾陽縣志》卷十三『藝文』收録曹學閔《開修黄蘆嶺車路紀德政碑記》，上載：『永寧州，界連西陲，北達邊外歸綏諸路，商賈遠貿粟麥，泛皮船隨黄流南下，聚于州西磧口，一府之民仰利賴焉。而東至太原，南抵平陽，州縣凡二十餘，亦視汾爲橐籥，蓋所繫非特一方生計矣。』〔十二〕民國時期，東北淪陷後，開發西北刻不容緩，而『黄河中游之水利，自應加以擴充及整理，藉（借）收桑榆之效，以挽狂瀾於（于）萬一』〔十三〕。

因黄河流域自然條件優越，歷朝歷代都十分重視對此地的開發，通過强有力的國家干預方式推動各類産業的發展，爲中國北部疆域的形成和社會穩定奠定了基礎。

二、民族交往、物資交流、技術轉移促成黄河治理共同體

《史記》卷十五『六國年表第三』載：秦始皇三十三年（前214），『築長城河上，蒙恬將三十萬』[十四]。這數十萬人中，擁有一技之長的人員不在少數。由此，邊地人口不斷增多，而豐富的物産則促進了商品交流與統一市場的形成。西漢《鹽鐵論·力耕第二》記録了『异物内流』的情形：『是以贏（騾）驢馲駞（駝），銜尾入塞，驒騱騵馬，盡爲我畜，鼲鼦狐貉，采旃文罽，充於（于）内府，而璧玉珊瑚瑠（琉）璃，咸爲國之寶。』[十五]此後，黄河北岸的『贏（騾）驢馲駞（駝）』『驒騱騵馬』『鼲鼦狐貉』『采旃文罽』與西南織錦、中原麻織、農作物等物資相互交流，逐步形成統一的國内大市場，加强了邊疆與其他地區的經濟聯繫，促進了邊疆特色産業的發展。

隨着民族交往交流交融的增强，清代以降，黄河流域内蒙古段輸入到内地的也不僅僅是『异寶』了。《綏遠通志稿·水路》載：『自乾隆以還。口外墾殖日廣。民殷物阜。出境之油、糧、鹽、鹼（碱）、甘草各貨。入境之日用雜貨。山西與歸綏往來之商運。凡經河路者皆以托屬河口爲唯一之碼頭。』[十六]從清乾隆年間到民國時期，由内蒙古經黄河運到山西的貨物有糧、油、鹽、碱、藥材、皮毛等，其中以糧油爲最大宗。糧食品種主要有糜黍、穀子、高粱、豆類及玉米、大小麥

等，油料主要是胡麻。内蒙古供貨支綫有從阿拉善盟阿拉善左旗吉蘭泰鹽池到山西吕梁市磧口鎮的運鹽駝路，五原縣、臨河區一帶各大幹渠的運糧水道，杭錦旗、達拉特旗的甘草馱運綫，鄂托克旗的運碱駝路。内蒙古段各條支綫以供貨爲主，山西段若干支綫以運銷爲主。

《臨縣志》載：『清朝乾隆至民國年間，陝、甘、綏、蒙等地的物資，通過此航綫運達磧口，再用牲口馱運到離石、吴城，轉運至東路（汾、平、介、孝等縣）。據民國 20 年（1931）統計，每年從綏遠磴口航至磧口的貨船不下 4000 餘艘』，『是陝、甘、綏、寧與晋西北物資集散之重鎮』。[十七]可見，内蒙古在甘肅、寧夏與陝西、山西等沿黄上下游物資交易中起到了重要的聯結作用；同時也吸引了山西、陝北、河北、山東、甘肅等地的農民遷移至此，并將開渠打壩、引水澆地等農業生産技術、手工技術和商業貿易經營方式帶到這裏。他們在此扎根，除了從事農業生産外，還挖甘草、下窑背炭、在黄河上拉船、在沙漠中拉駱駝、打短工放冬羊、開碾磨油坊，等等。不同地域、不同民族的人們合力修築河渠、引水興業，逐漸形成休戚與共的共同體。其間積纍的産品交易、商業管理、社會治理等方面的經驗，在今天依然有借鑒意義。

清代『首重治河，探河源以窮水患』[十八]，但更深層次的考量是『宣揚大一統及增强國家認同』[十九]。黄河流域人口基數大、分布廣，而全流域治理理念將不同地區、不同民族的人們凝聚成命運共同體，而『大一統』理念正是這一治理實踐的核心主題。

三、黄河流域拓展了中國的發展空間

早期統治者因巡幸及邊防建設所需，統籌管理沿黄河運與秦直道等沿黄馬道，維持着中央政府對北邊的有效治理。河套平原引黄渠道的建設爲秦漢王朝屯田事業提供了基本的水利保證，并將這些區域變成防禦北部邊患的大後方與根據地。于是，沿黄馬道、沿黄河運與萬里茶道、草原絲路等陸路運輸聯通起來，促進了中華文明與其他文明的交流互鑒，拓展了新的發展空間。

新中國成立之後，沿黄各族兒女在中國共産黨的領導下團結合作、艱苦奮鬥，實現了大河安瀾。黄河流域建立起行之有效的防洪抗汛機制，支撑着沿岸的産業發展，改善了周邊生態環境。當代治黄史證明，正是由于中國共産黨的正確領導以及集中力量辦大事的制度優勢，纔從根本上減輕了河患的威脅。進入新時代，黄河流域在築牢安瀾根基的同時，以蓬勃活力拓展着中國的發展空間。沿黄九省區在協同發展中不斷釋放潛力，讓黄河流域成爲國家區域協調發展戰略中不可或缺的重要一極，爲中國的發展源源不斷地注入新動能。

綜上所述，黄河流域的治理不是單純的河道治理、生態環境治理或社會治理，而是一種關涉水、沙、産、人四者關係的系統性、協同性治理，是推動國家可持續發展的動力，也是厘清國家治理與邊疆治理兩者動態交互實際效果的絶佳視角。而黄河工程等『中國本土理論資源、學術積纍』[二十]，有助于研究國家治理的演進歷程。進入新時代，黄河治理與國家治理的關係研究不斷開闢新視角、持續涌現新成果，其中鑄牢中華民族共同體意識、邊疆治理與黄河流域生態保護和高質量發展成爲非常重要的研究視角。因此，基于這一角度搜集整理黄河國家治理文獻，意義重大。《黄河國家治理文獻集成》，應運而生。

本叢書系統梳理了黄河治理的歷史脉絡與經驗，既爲新時代黄河流域生態保護和高質量發展提供了歷史鏡鑒，更以文獻爲載體，傳承了治理智慧、凝聚了民族力量，是服務國家發展戰略、鑄牢中華民族共同體意識的重要學術實踐。

《黄河國家治理文獻集成》編委會

二〇二五年一月

〔一〕韓建業：《中華文明的起源和形成》，載《中華民族共同體研究》2022 年第 4 期，第 80–91+172 頁。

〔二〕中共中央馬克思恩格斯列寧斯大林著作編譯局：《馬克思恩格斯選集》第二卷，人民出版社，2014 年，第 240 頁。

〔三〕嚴文明：《黄河流域文明的發祥與發展》，載《華夏考古》1997 年第 1 期，第 49–54+113 頁。

〔四〕（漢）班固：《漢書》卷二十九「溝洫志第九」，中華書局，1964年，第1692頁。

〔五〕（漢）司馬遷：《史記》卷六「秦始皇本紀第六」，中華書局，1963年，第252頁。

〔六〕冀朝鼎：《中國歷史上的基本經濟區與水利事業的發展》，朱詩鰲譯，中國社會科學出版社，1981年，第7頁。

〔七〕（漢）司馬遷：《史記》卷二十八「封禪書第六」，中華書局，1963年，第1398-1399頁。

〔八〕（漢）司馬遷：《史記》卷三十「平準書第八」，中華書局，1963年，第1441頁。

〔九〕（漢）班固：《漢書》卷二十九「溝洫志第九」，中華書局，1964年，第1686頁。

〔十〕（漢）司馬遷：《史記》卷二十四「樂書第二」，中華書局，1963年，第1178頁。

〔十一〕（漢）司馬遷：《史記》卷三十「平準書第八」，中華書局，1963年，第1420-1421頁。

〔十二〕（清）方家駒修，（清）王文員纂：《汾陽縣志》卷十三「藝文」，清光緒十年刻本，第57-58頁。

〔十三〕王華棠、劉錫彤、吳樹德：《黃河中游調查報告》，華北水利委員會編印，1934年，第1頁。

〔十四〕（漢）司馬遷：《史記》卷十五「六國年表第三」，中華書局，1963年，第758頁。

〔十五〕王利器：《鹽鐵論校注》，中華書局，1992年，第28頁。

〔十六〕綏遠通志館：《綏遠通志稿》第十冊，內蒙古人民出版社，2007年，第176頁。

〔十七〕臨縣志編纂委員會：《臨縣志》，海潮出版社，1994年，第273、321頁。

〔十八〕趙爾巽等：《清史稿》卷一二六「河渠一」，中華書局，1977年，第3715頁。

〔十九〕劉惠：《乾隆朝重構黃河河源的實踐與國家認同》，載《清華大學學報》（哲學社會科學版）2018年2期，第147-154+195頁。

〔二十〕許耀桐：《當代中國「治理」概念的演進探析》，載《國家現代化建設研究》2023年3期，第100-111頁。

出版前言

黄河，中華民族的母親河，她不僅孕育了中華文明，更見證了中華民族數千年的發展歷程。習近平總書記深刻指出：『從某種意義上講，中華民族治理黄河的歷史也是一部治國史。』這一重要論述，爲新時代黄河文化的保護傳承以及流域治理提供了根本遵循，也深刻揭示了黄河治理在國家發展和民族復興進程中的核心地位。在學習貫徹習近平新時代中國特色社會主義思想，積極響應國家黄河流域生態保護和高質量發展重大戰略，大力推進北疆文化建設的背景下，《黄河國家治理文獻集成》的編纂出版，具有重要的歷史意義、學術價值與現實指導意義。

黄河治理，自古以來就是國家的頭等大事。從遠古時期大禹治水，到當代運用科學技術進行系統治理，中華民族在數千年的時間裏，積纍了豐富的治河經驗，留下了浩如烟海的文獻遺産。《黄河國家治理文獻集成》收録了元代至民國時期古籍、朱批奏摺、期刊圖片等多模態文獻資源。這些文獻内容豐富、維度多元，既包含記載河工技術、治理方略等的專書，又有漢文朱批奏摺、工程檔案以及不同區域的調查研究報告等。民國時期的文獻則標志着現代水利科學開始融入黄河治理，展現了我國水利事業在時代變革中的創新與發展。近代照片的收録則以更加直觀的方式將黄河治理、黄河沿岸的風貌呈現給讀者。

該文獻的出版，不僅是對瀕危黄河文化遺産的及時搶救與保護，更是對我國水利史、國家治理史、邊疆治理研究學術鏈條的重要補充，具有較高的文獻價值和學術意義。尤爲重要的是，這一集成工作，深度契合鑄牢中華民族共同體意識這一全黨全國各族人民的共同任務。各民族在治理黄河的歷史進程中，緊密協作、共同探索，這些珍貴文獻便是各民族交往交流交融和中華文明認同的生動見證。對這些文獻進行整理出版，能够讓各族人民更加深刻地認識到，在歷史長河中，各民族共同爲黄河治理貢獻了力量，共同守護了家園，從而進一步增强對中華民族共同體的認同感與歸屬感，夯實鑄牢中華民族共同體意識的歷史根基。

《黄河國家治理文獻集成》以『國家治理』爲核心綫索，構建起一個全面、系統、多維的文獻體系：在時間跨度上，聚焦從元代至民國這一傳統治河向現代水利轉型的歷史時期，爲深入研究我國水利事業的發展脉絡提供了清晰的時間坐標；在内容分類上，細緻劃分爲技術專著、工程檔案、區域研究、朱批奏摺、科學報告、圖片等類别，涵蓋黄河治理的各個方面，從不同角度展現了我國在黄河治理上的探索與實踐；在版本選擇上，秉持嚴謹、科學的態度，確保文獻内容的準確性與代表性，爲學術研究奠定堅實基礎。

在編纂過程中，叢書特别注重『全流域治理』的理念，不僅收録了有關下游防洪治河的重要文獻，還涵蓋了中游地區水土保持以及上游地區灌溉開發等方面的珍貴記載。這種對黄河全流域治理的全方位關注，與當前『共同抓好大保護，協同推進大治理』的要求高度契合，充分體現了叢書在傳承歷史文化遺産的同時，緊密服務于當代國家發展戰略的時代價值。

在出版過程中，嚴格保持原書的版式與行款，最大程度地還原文獻原貌。對于部分出現黴變、殘缺的頁面，運用先進的數字化修復技術進行精心處理，在保留原始批注與印章痕迹的基礎上，兼顧了文物的真實性與文獻的可讀性。

此外，爲了更好地服務讀者，方便學術研究，本叢書新增了目録、提要等内容，這些新增部分由編委會精心撰寫。新增目録一般編製二級，個別圖書編製三級；原書有目録而内文無對應標題的，根據原書目録照録；原書目録爲關鍵詞或者其他情况的不編製目録；原書目録與内文不一致的，以原書内文爲準；原書無目録的，按卷端、版心或其他部分輯録；一册書中收録多種圖書的，以書名爲一級標題，編製二或三級。在文字使用上，統一使用現代漢語規範繁體字，對于原版文獻中的异體字、避諱字也使用現代規範繁體字，無對應規範繁體字的保留原字。

《黄河國家治理文獻集成》的出版，是對黄河文化遺産的一次系統性、搶救性保護，具有重大而深遠的現實意義：從學術價值層面來看，叢書成功構建起一座連接傳統與現代治黄文獻的橋梁，爲黄河流域生態保護、水利工程史、國家治理史、邊疆治理、中華民族共同體學等多個領域的學術研究提供了豐富、翔實的基礎文獻，有力推動了相關學科的發展與創新；從文化價值角度而言，生動展現了北疆文化與黄河文化在歷史長河中的交融共生，爲内蒙古『北疆文化』品牌建設提供了堅實的文獻支撑，進一步豐富了中華文化的内涵與外延；從實踐價值方面考量，書中所藴含的治河理念爲我們在新時代背景下實現人與自然和諧共生、推動黄河流域可持續發展提供了寶貴的歷史經驗與智慧啓示。

在此，我們要衷心感謝各藏書機構的大力支持，正是他們提供了珍貴底本資源，纔使得本叢書的編纂出版成爲可能。同時，我們也要向文化遺産智能應用服務中華民族共同體建設『英才興蒙』團隊致以崇高的敬意，他們歷經五年的辛勤耕耘，以嚴謹的治學態度和專業的學術素養，對文獻進行了系統的整理和輯録，爲叢書的内容質量提供了堅實保障。此外，我們還要特别感謝内蒙古自治區黨委宣傳部、内蒙古出版集團將本叢書納入『北疆文庫』重點項目，并在出版過程中給予全方位支持與幫助。

我們衷心期待，這套凝聚着無數心血與智慧的《黄河國家治理文獻集成》，能够在新時代的『黄河大合唱』中奏響歷史的强音，爲黄河流域生態保護和高質量發展注入强大的歷史動力，讓黄河文化在保護中傳承，在傳承中創新，在創新中不斷發展，綻放出更加絢爛的光彩。同時，希望這套叢書能够成爲促進各民族文化交流、鑄牢中華民族共同體意識的重要載體，助力各民族更加緊密地團結在一起，共同爲實現中華民族偉大復興的中國夢而努力奮鬥，讓中華民族共同體意識在黄河文化的滋養下，扎根于每一位中華兒女的心中，成爲推動中華民族不斷前進的强大精神力量。

提　要

《清代漢文朱批奏摺黄河治理資料輯録》共10册，收録清代康熙四十四年（1705）至咸豐三年（1853）關于黄河治理的漢文朱批奏摺1000件，以時間爲序編排，每篇奏摺均保留朱批痕迹，真實呈現了清代黄河治理的決策與執行過程。

所收録的奏摺内容包括工程實踐（如堤埽、堤壩與河道工程的修建和維護）、防汛體系（如水情監測、灾情預警與應急響應）、綜合管理（如河道管理、跨區域協調、物料與經費管理、漕運管理）、治河制度與管理機制、灾害影響及灾民撫恤等。

第一册收録康熙四十四年（1705）至雍正七年（1729）的100件奏摺。第二册收録雍正七年（1729）至乾隆二十年（1755）的120件奏摺。第三册收録乾隆二十年（1755）至乾隆三十八年（1773）的130件奏摺。第四册收録乾隆三十九年（1774）至乾隆四十六年（1781）的110件奏摺。第五册收録乾隆四十六年（1781）至乾隆五十二年（1787）的110件奏摺。第六册收録乾隆五十三年（1788）至清嘉慶六年（1801）的100件奏摺。第七册收録嘉慶六年（1801）至嘉慶二十二年（1817）的90件奏摺。第八册收録道光三年（1823）至道光十六年（1836）的60件奏摺。第九册收録道光十六年（1836）至道光二十五年（1845）的80件奏摺。第十册收録道光二十五年（1845）至咸豐三年（1853）的100件奏摺。

目録

八二一

恩特亨額　處州後幫等漕船漂淌由

奏　交〇

八月初二日

漕運總督臣恩特亨額跪

奏為重運漕船在黃河漂淌先行循例奏

聞仰祈

聖鑒事竊臣據浙江糧道桂蔭詳稱處州後幫旂丁周涇重船于五月二十二日丑刻行至黃河中心陡遇狂風水逆下錨纜隨下隨斷淌至清河縣浦家莊地方救護不及船米漂淌無蹤淹斃舵工王之文潘成壽情又據江西糧道王兆琛詳稱永建幫旂丁賀吳王重船于五月二十三日辰刻行至清河縣蔣家壩黃河中心陡遇暴風掣斷錨纜刮倒大桅將值風水漲發將船撞散糧米片板無存蓆竹松板全行漂淌淹斃男女三名

口分等情均經臣先後札飭淮揚道暨清河縣
速赴該處確切勘明是否屬實詳報核辦嗣又
節次行催在案茲據署清河縣知縣陳廷達
詳稱勘明該二船實係漂淌片板粒米無存淹
斃屍身打撈無獲訊取切結加結呈送前來臣查
處州後幫旗丁周經船漂淌交倉平米七百九十八
石一斗零永建幫旗丁賀吳玉船漂淌交倉平米
九百九十八石五斗零既據該管地方知縣查勘屬實
除行淮揚道提齊丁舵水手地保兵夫莊漕船
戶人等訊取供結會同督臣河臣撫臣察核
另行繕疏具
題並將耗米等項細數移知戶部倉場查照外臣
謹先行循例具
奏伏乞
皇上聖鑒謹
奏
道光十六年八月初二日奉
硃批知道了欽此

七月二十七日

八二二

栗毓美

七水退消隄工平穩由

奏 ◎

八月初五日

河東河道總督臣栗毓美跪

奏為節交白露沁黃長水退消各工兩岸平穩仍督飭
加謹防範恭摺具陳仰祈
聖鑒事竊照處暑前後黃河水勢工程平穩情形經臣摺
奏報在案旋據呈報陝州萬錦灘黃河于七月十五日長水
三尺一寸武陟沁河于七月十六日長水一尺七寸下注
各廳先後報長二三四尺不等雖來源並不過大而
接長之勢較驟復值各廳前次長水尚未全消
以致兩岸灘面低窪之處尚有漫抵隄根迎溜
埽壩除處暑廂壓未竣各工已經跟追穩實外
又有舊埽蟄塌亟應搶補之工幸料土□粮仰蒙
天恩添撥防險銀款得以儲備充足臣與各道督飭隨

時廂茲克保平安茲勘量準確另片恭呈
御覽至原陽支河行溜仍前六分瓤埧頂衝喫重之處不
辛刷卸當即照舊加鑲堪資抵禦雖水隨漫隨淤埧
檔積墊益厚支河距隄仍在一二里及七八里之外
其北岸攔黃堰及南岸黑堽工所築瓤埧均該管
道親往查量水勢較從前亦淤墊五丈餘工程
俱屬平穩兩岸加高子堰均已次第報完現在
河水以次見落足以上慰
聖廑惟時距霜降尚有四十餘日漲水大小靡常溜
勢趨向莫定加以秋水迅利淘底搜根兩岸長
隄巡防固難刻懈而埽壩林立在在均關緊要
更應豫籌儲備節慎廂修一面分飭各道加
意督防臣即當周歷兩岸將本年已拋執石及
未應估執土各工分別確勘並挨查存工料數
另容核實次第具
奏所有節交白露河水接長廂工平穩緣由理合
恭摺具
奏伏祈

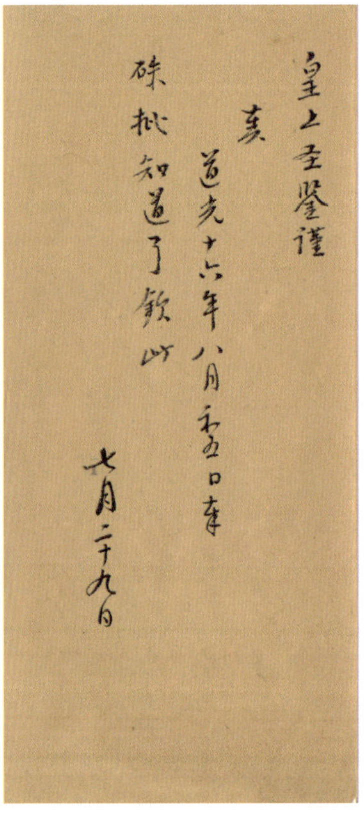

皇上聖鑒謹

奏

道光十六年八月十五日奉

硃批知道了欽此

七月二十九日

八二三

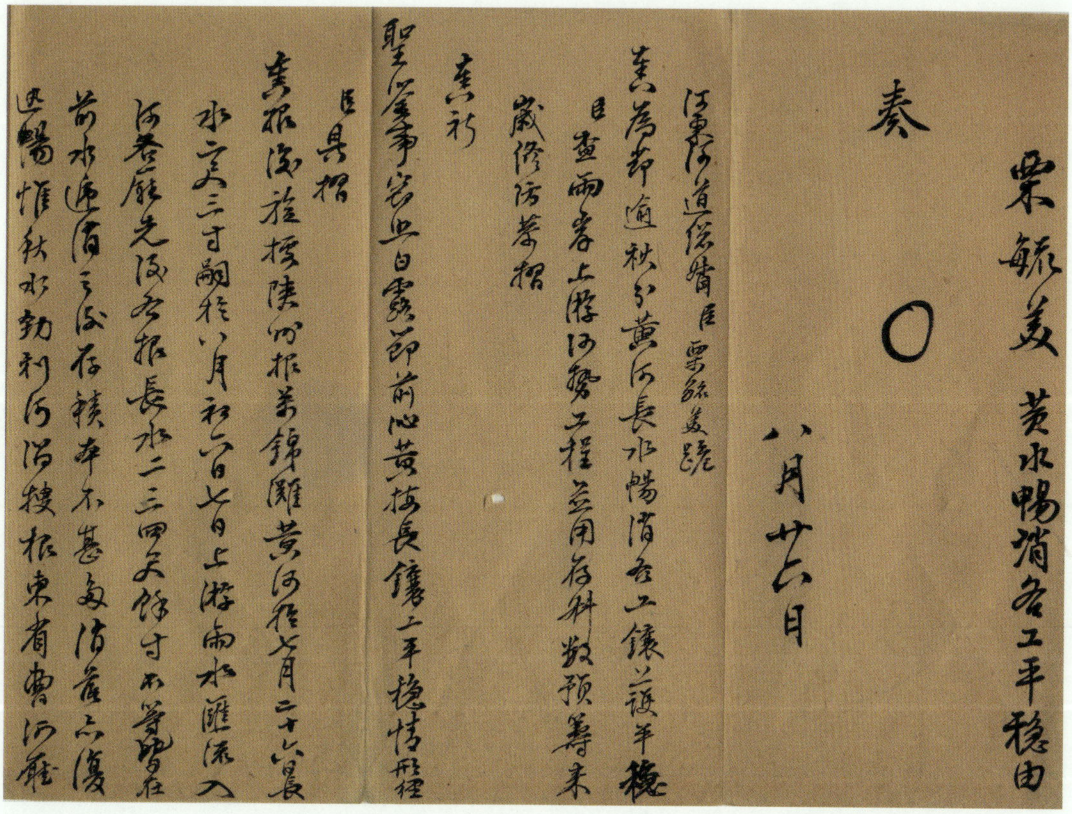
栗毓美 黄水暢消各工平穩由

奏 ○ 八月廿六日

河東河道總督臣栗毓美跪

奏爲節逾秋分黄河長水暢消各工鑲護平穩

臣查勘各上游河勢工程並用存料數預籌來

歲修防恭摺

奏祈

聖鑒事竊照白露節前沁黄拔長鑲工平穩情形經

臣具摺

奏報在案旋接陝州報萬錦灘黄河於七月二十六日長

水一丈三寸嗣於八月初五日七日上游雨水匯流入

河查驗各該處報長水二三四尺餘寸不等皆在

前水既消之後存積本不甚多消落亦復

迅暢惟秋水勁利河溜稜根東省曹河廳

曹好下汛亦僅蓋壩舊埽七段，係于四年停
修，底料久已糟朽，急宜趁刷先行拆淨，匯及
埽身經完，沂道條條等差，款皆挨歷營縣舊
補還，追壓穩實。此外兩岸新舊埽段亦皆不
無刷蟄，所料物錢糧儲備應手，無不隨時鑲加，
一律平穩。且因秋汛過後，較往年各工漸可停拋，正

應歉待量驗，而來年應辦執土各工亦須豫籌
者，河勢頗為雄佳，並蒙點用存樁無數，以備鑲
除。請歸即於白露後由下北廳湖查西上渡河
而南，現在行抵黑堤，計上游兩岸七廳已查通
麦序陽支河新拋執埽，有自隄根拋至河邊者，
有於隄前土埽拋入河內者，或因河勢衰跌酌

為接長，或因水長埽矮酌為加高，或因埽身
上首迎溜吃重酌為幫寬，並拋護小埽，均屬
桃護得力。現經確查丈尺，另容隨後彙
奏。支河雖隄仍有一二里至七八里之遠，節經汛水長發，
支河漫灘及張應倒漾之水，埽檔隄根各有
淤墊，見支河北岸之無土年行溜再定一石

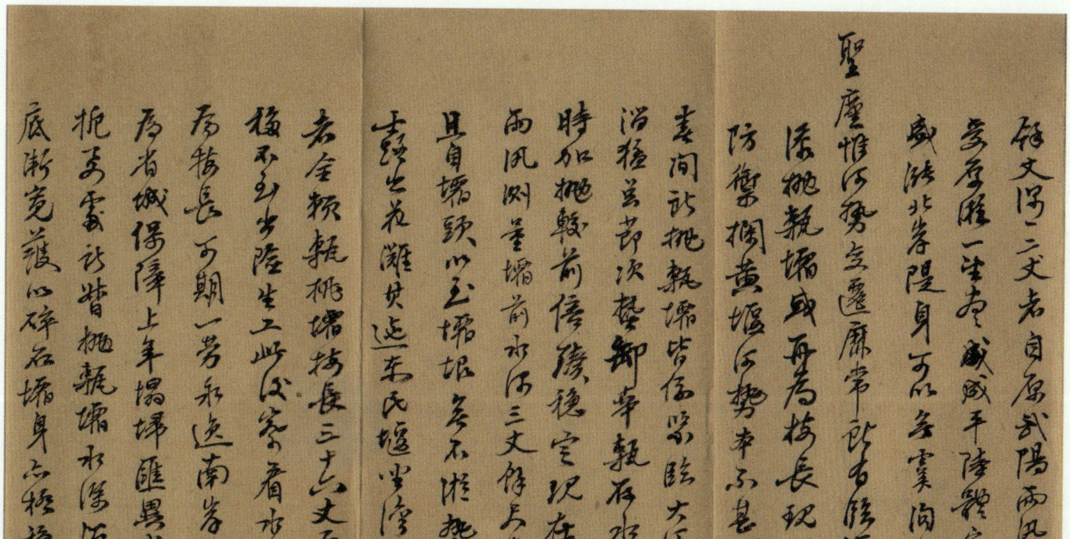

後壩前經墊實已化險為平其他若各舊險河溜
埽近之處試拋磚壩莫不拋挑溜澄淤免生新
埽現已經歷伏秋形勢甚為安定至隄壩鑲
土夯各工或應添築或應增培亦即隨處勘
明督令估報以免工員避難趨易任以其地之疑
另容覆設次第核
奏至於存工料垛逐一點驗並囑即未交不無
動用勢難即行截數而以目前工程之平穩計此
項用料之多寡約需成存數不致遠於懸殊碎
石向為拋護埽工之需又兼為護磚壩水底根基並難
確實而舊存新收之石方前經臣督工驗明均有
准冊存案核對現在諒少之數即知大汛拋用之
亦難容其浮冒侵冒並為下游各廳再行
覈摺
奏報現在節過秋分距霜降尚有月臣仍飭道
廳加意慎防以靜安瀾普慶訖有河水暢消
後之平穩各緣由謹先繕摺具
奏伏乞

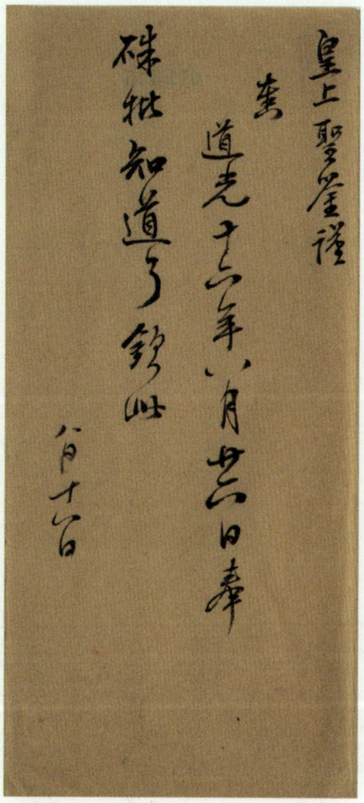
皇上聖鑒謹
奏
道光十六年八月廿六日奉
硃批知道了欽此
八月十日

八二四

奏

河東河道總督臣栗毓美跪

奏爲豫東黄河凌汛安瀾恭摺

奏報仰祈

聖鑒事竊照河工春伏秋凌四汛修防並重上冬凌

汛未屆氣候已寒即經臣豫飭黄河道廳多備

搪椿器具責成各廳營親身上隄督率防護自

交冬至後朔風司令河冰凝積日多幸臨黄迎

溜埽段先已量爲加鑲分别籤椿挂柳不致刷

蟄剷傷其河勢兜灣處所遇有積存冰塊隨時

敲打推行順流東注並無壅遏之患現已節逾

立春河冰漸泮豫東黄河安瀾順軌洵堪仰慰

宸懷至黄河北岸黄衞兩廳支河分溜現有四分較

霜後又覺輕減沿隄所築甎壩前於派委編修
徐經御史陶福恒赴工催料之便令其一併確
勘據覆料麻全完壩工穩固臣仍嚴飭領辦甎
石各廳依限足實購齊不准稍有缺誤其奉准
本年增培土工已據各道分別派員領銀雇定
夫車遵照舊章於正月下旬興工容臣屆期親
往稽查督辦不致遲延所有豫東黃河凌汛安
瀾緣由理合恭摺具陳伏乞
皇上聖鑒謹
奏

知道了

道光十七年正月　廿四　日

再查運河挑工次第插鍁日期前經臣
奏報在案其泇河上河二廳亦據先後稟報一律
興工臣即親赴最要之汶上等汛挨工查驗辦
理尚屬認真時值天氣晴和人夫極為踴躍並
經運河道敬文督率廳營上下查催截至上年
十二月底止南北牽計已有四分餘工現飭工
員加倍添夫如式趲挑總可不誤啟壩鋪水之
期臣仍前往滕汛十字河一帶逐細勘查不容
稍有遲延草率合併附陳謹
奏

知道了

八二五

奏

山東巡撫臣經額布跪

奏為司庫撥發黃河增培堤埝工程及備防稭料甎塊銀兩恭摺奏祈

聖鑒事竊照山東省曹河糧河二廳及曹考廳之曹上汛估辦丁酉年另案增培堤埝等工共需例價銀二萬一千七百六十四兩五錢三分一釐又曹河糧河二廳核除存賸實應添辦備防稭料及改石辦甎共銀二萬八千兩經河臣栗毓美分別會摺奏請於司庫撥發辦理均蒙

諭旨允准欽遵咨會到臣當經行司動撥去後茲據藩司劉斯嵋詳稱奉撥前項銀兩遵即按款於司庫道光十六年地丁項下動支照例扣留三

六市平計實發增培堤埝銀二萬九百八十一
兩八釐備防稭料並改石辦甎銀二萬六千九
百九十二兩交與兗沂曹濟道委員照數領回
等情詳請具
奏前來臣覆核銀款數目均屬相符除咨户工二
部查照外謹循例恭摺具奏伏乞
皇上聖鑒謹
奏

知道了

道光十七年正月　十一　日

八二六

奏

河東河道總督臣栗毓美跪

奏為核計運河挑工剋期可竣臣即赴黄河兩岸
查驗工料督防桃汛恭摺奏祈
聖鑒事竊照東省運河冬挑辦有四分餘工經臣於
正月初四日附片
奏報後月餘以來天長日暖出土較多雖前此雨
雪頻沾亦尚無礙工作不致躭延曠誤臣於開
篆後親赴泇河廳屬最要之滕汛十字河及嶧
汛八閘一帶挨次勘查凡已經挑完工段按册
丈量尚俱如式並無貼邊墊底偷減草率情弊
察看人夫踴躍辦理均屬認真統計南北各廳
實已挑有八分餘工二月中旬總可普律全完

不誤啓壩鋪水惟上年秋冬雪雨稀少微山等
湖收水未能如誌現已諄諭道廳於挑工完竣
後將南北各閘逐節嚴板蓄水以備重運臣因
黃河各廳歲添稭料麻觔早經報完並有
奏准預提防險銀兩購辦甎塊原限桃汛以前辦
足者亟應親往查驗以期實貯無缺此外臨黃
春修土埽工程亦須分別估計查催均難延緩
即於拜摺後自濟赴豫周歷履勘第本年節氣
較早三月初一日即交清明臣自應駐工督防
桃汛其運河未完挑工專交該道敬文催完後
即令自南而北逐段驗收合並陳明謹繕摺具
奏伏乞
皇上聖鑒謹
奏

知道了

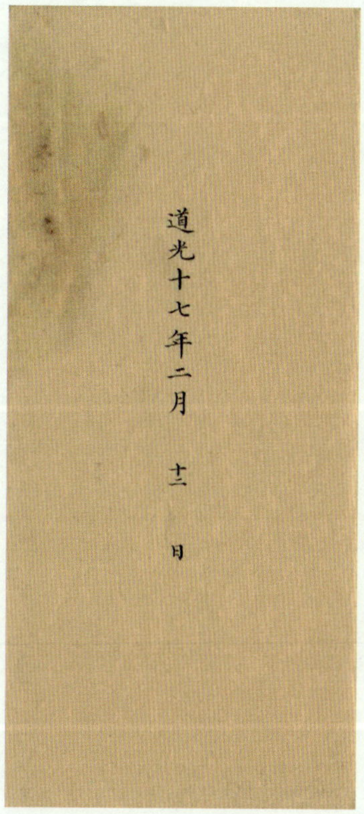

道光十七年二月　十三　日

八二七

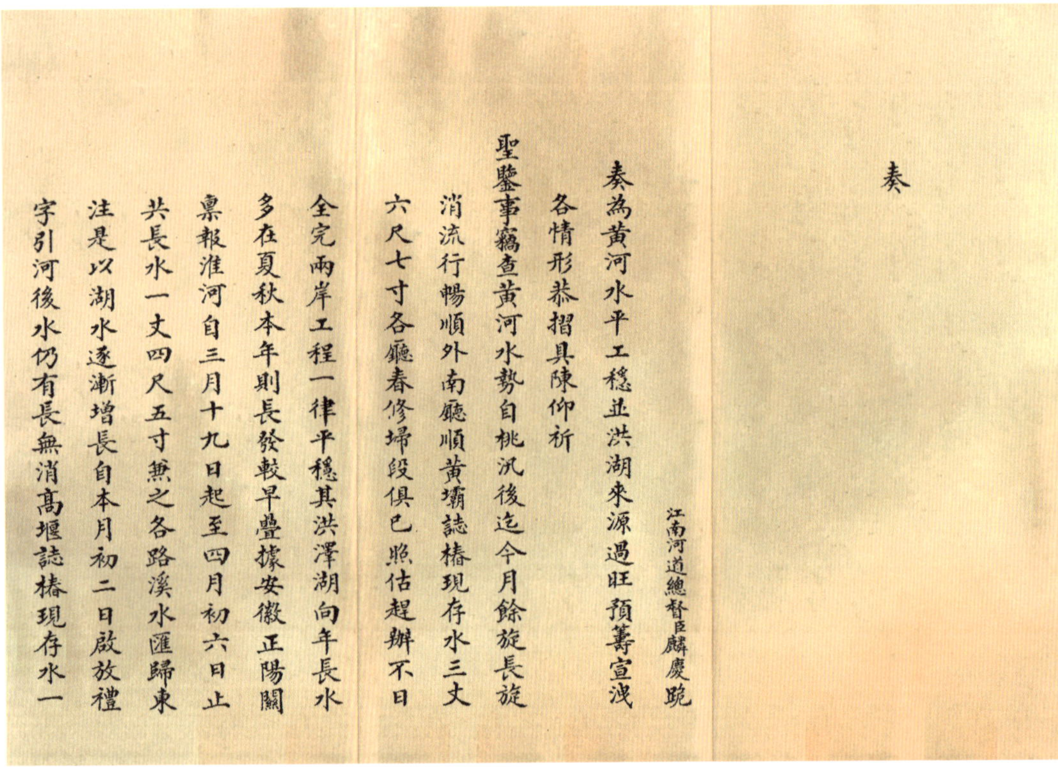

奏

江南河道總督臣麟慶跪

奏為黄河水平工穩並洪湖來源過旺預籌宣洩各情形恭摺具陳仰祈

聖鑒事竊查黄河水勢自桃汛後迄今月餘旋長旋消流行暢順外南廳順黄壩誌樁現存水三丈六尺七寸各廳春修埽段俱已照估趕辦不日全完兩岸工程一律平穩其洪澤湖向年長水多在夏秋本年則長發較早疊據安徽正陽關稟報淮河自三月十九日起至四月初六日止共長水一丈四尺五寸兼之各路溪水匯歸東注是以湖水逐漸增長自本月初二日啟放禮字引河後水仍有長無消高堰誌樁現存水一

丈六尺九寸比較十四五兩年盛漲僅小二三寸不等以目下情形而論尚足容納特恐來源過旺存水日大不獨堰盱石工偶犯風浪岌岌可危即裏河各閘溜勢亦必湍激高下懸殊漕船上挽倍覺費力且高寶各湖河為洪湖減水之區若俟盛漲始啟山盱壩河則沛然湧注下游消納不及運河東隄喫重勢必須啟高郵四壩方能減漲衛隄而四壩一經啟放下河七邑民田即不免於被淹所以近年來臣每於湖水漸長即先將山盱壩河次第酌啟俾水勢循序下注由金灣各壩鳳凰壁虎等橋遞達歸江溯查上年六月啟放禮河智信等壩後來源仍復見增高堰誌樁長至六丈九尺石工高者出水不過二三尺卑矮段落幾至平水湖波浩瀚一望無涯微風鼓盪浪即潑上隄頂臣親往督防目擊情形時深凜畏迨續啟新義河頭水始見消而下游則究因山盱壩河係陸續啟放減水尚不猛驟高郵四壩仍得堅守下河民田普獲

豐收現查湖水情形必須預籌宣洩方於運道
民田兩有裨益是以又於十八日飭令山盱廳
接啟新義河頭以減漲水而衛堰工其餘各壩
俟隨後察看再行酌辦至堰盱石工比來間遇
風暴幸尚掣塌無多臣已諄飭該管道廳營汛
周巡修守不任稍有疎忽以期仰副
聖主慎重湖防保衛民生之至意所有河湖水勢並
現籌宣洩情形謹恭摺具
奏伏乞
皇上聖鑒謹
奏
相機慎重為之
道光十七年四月 二十三 日

臣麟慶跪

奏再查上年懲辦惡棍吴當運案内尚有奉

旨飭緝之草上飛徐可宗等在逃未獲當經臣因該犯係睢南河營把總徐成宗堂弟恐有縱匿情弊會同前署督臣林則徐

奏參摘頂勒令尋獲奉

旨著即將該把總徐成宗摘去頂戴責令迅速拘解俟獲到徐可宗再予開復俾免縱延等因欽此兹據徐州道王廷彦稟稱轉據把總徐成宗道役董紹等稟三月十二日在邳州土山集地方協同徐州鎮標外委馮景尼並河標弁兵州縣差役將逸犯徐可宗緝獲解道收審屬實臣查徐可宗係著名匪棍罪應擬斬之犯除由徐州道勘轉其首先捕獲之外委馮景尼應聽督臣獎拔外把總徐成宗半載以來上緊踩緝不致要犯倖逃法網尚屬奮勉可否

賞還頂戴出自

天恩理合會同督臣陶澍附片陳明伏乞

聖鑒訓示謹奏

另有旨

八二八

奏

奏為恭報豫東黄河凌汛安瀾仰祈
聖鑒事竊照河工修守桃伏秋凌四汛並重上冬凌
汛未屆即經臣通飭黄河兩岸道廳豫備㩧椿
並打凌器具責令各廳營督率兵夫親身上隄
巡防自交冬至後朔風司令豫東兩省連得瑞
雪氣候嚴寒河水凍合冰凌存積日多幸臨黄
埽段先已量為加鑲分别簽椿挂柳不致刷蟄
剷傷其河勢兜灣處所遇有冰塊凝結隨時敲
碎推行順流東注並無壅遏之患現已節逾立
春河冰漸泮豫東黄河順軌安瀾洵堪仰慰
聖懷至黄河北岸黄衛兩廳支河分溜不過三四分

愈形淺弱河勢並未變遷沿隄甎土各壩以及
各廳試拋甎壩前於派委工部主事黃慶安候
補知府徐經陶福恒赴工催料之便令其一併
確勘據覆料麻全完壩工極為穩固惟上秋甎
價改辦碎石並霜後派辦六成碎石係按工程
之平險以定貯石之多寡前因大河冰凍石船
笨重難行暫為停運現已春融凍解臣仍嚴飭
多雇船隻上緊攢運務令依限報竣聽候驗收
不准藉詞延緩其各廳應辦增培土工已據各
該道分別派員領銀豫定夫車遵照舊章於正
月下旬興築容臣屆期親往稽查督辦不任遲
延所有豫東黃河凌汛安瀾緣由謹恭摺具陳

伏祈

皇上聖鑒謹

奏

知道了

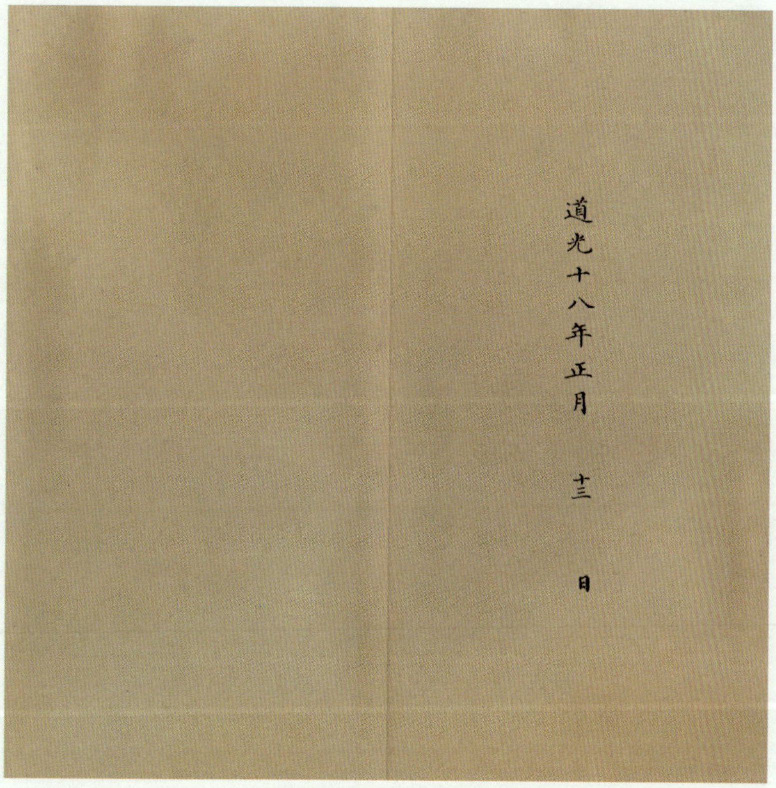
道光十八年正月　十三　日

再運河挑工次第插鍬日期前經臣
奏報在案其泇河上河兩廳應挑工段旋亦稟報
先後一律興工臣查此次加挑出土較多必須
認真挑空尤當剋期竣事即責成運河道敬文
赴工督辦會同撫臣派委之濟東道寶清兗沂
道陳功督率各廳營往來查催時值天氣晴和
人夫極為踴躍截至上年十二月底止塘長各
河南北牽計已有四分餘工現飭承挑州縣汛
員加倍添夫趕緊趲挑務期妥速早竣以便依
限啟壩鋪水臣仍當親赴最要之汶上等汛及
南行之十字河一帶逐細勘查不容稍有遲延
草率合併附陳謹
奏

覽

奏

河東河道總督臣粟毓美跪

奏為勘明東省運河挑工尅期可竣臣即赴黄河

兩岸查驗各廳工料接防桃汛恭摺奏祈

聖鑒事竊照東省運河冬挑截至上年十二月底止

挑有四分餘工前經臣附片具

奏在案月餘以來嚴飭工員倍足人夫勒限遄辦

挑空極為踴躍臣於開壩後即親赴南行最要

之滕縣十字河一帶復折回至北路汶上汛分

水口上下逐細挨段勘查就已經挑竣之工按

冊簋量丈尺與原估相符並無貼邊墊底偷減

等弊惟沛縣承挑工段既長其中河底間有澥

淤翻沙之處旋挑旋漲尚未能如式先經咨會

江蘇撫臣派委妥員幫同該縣辦理臣到工查
驗復飭道廳嚴督委員等設法趲挑並令多備
泥船撈挖務使河底一律深平不任稍有梗阻
統計南北塘長各河挑完之工實有八分其未
完工段責成運河道敬文會同撫臣派委之濟
東道寶清兗沂道陳功勒催趲辦逐段驗收核
計二月中旬可以普律全竣不誤啟壩鋪水之
期倘工員有辦理草率者即當據實嚴參以儆
怠玩而重漕運至微山蜀山等湖上年秋冬雨
雪稀少收水仍未符誌鋪水後必須將上下各
閘逐節嚴板攔蓄不令走洩水勢備濟新漕臣
因黃河各廳歲添稭麻年前早經報完亟應親
往查驗以杜虛浮其春修埽工經各該道勘稟
亦應覆勘減準分別鑲辦並須督辦另案土工
均難遲緩臣於拜摺後即自濟赴豫周歷勘查
另容
奏報再查三月十一日節交清明計查料事竣已
屆桃汛自應駐工督防合併陳明謹恭摺具

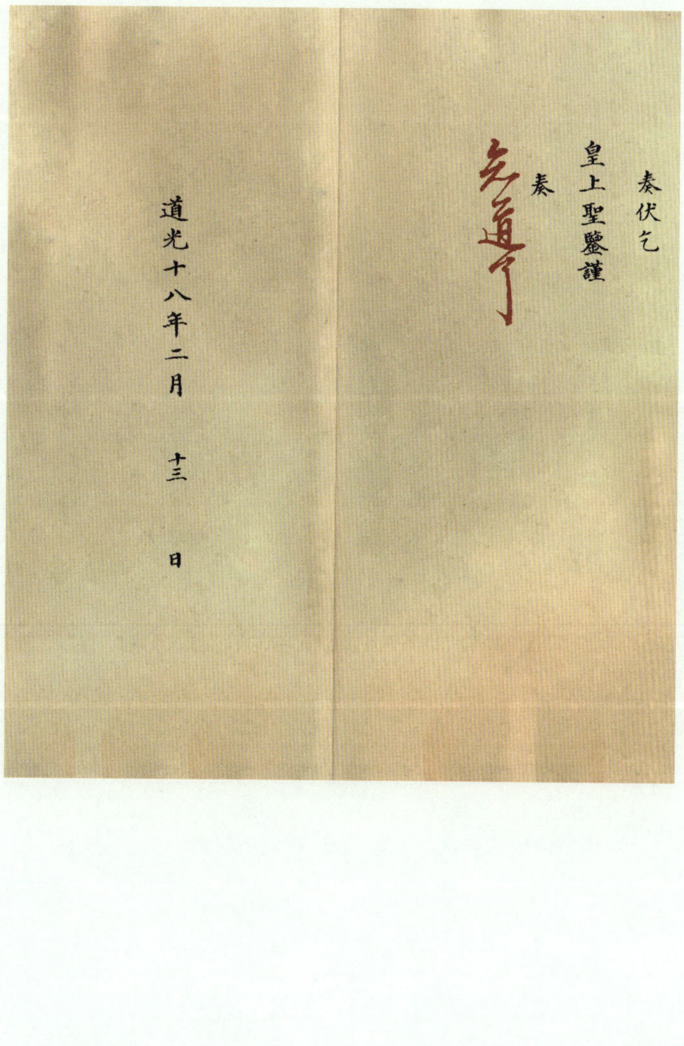
奏伏乞
皇上聖鑒謹
奏
知道了
道光十八年二月　十三　日

八三〇

奏

河東河道總督臣栗毓美跪

奏為恭報豫東黃河桃汛安瀾並預籌備防大汛

恭摺奏祈

聖鑒事竊照黃河以節交清明後二十日為桃汛臣

前於查料事竣時已屆期當經

奏明駐工督防在案伏思河工修守機要全在預

籌於先事方免周章於臨時臣三載以來每於

春間沿隄上下周歷勘查凡可以築壩挑禦蓋

護舊工免添新埽之處無不與各該道廳相度

形勢妥慎籌辦是以北岸原陽支河分溜雖下

游河勢節節變遷均得保護平安實未敢稍遺

餘力其兩岸各廳試拋甎壩原係以甎代石誠

恐辦理未合機宜上年曾經繪具埽工圖説咨
詢南河河臣麟慶核與南河碎石做法相類現
復咨准遴派熟悉石工之江南銅沛營弁兵來
豫帶同挨工履勘與承辦員弁互相考證雖埽
石異質而功用實屬相同今拋成之壩計已歷
經六汛均能屹立化險為平埽段逐漸淤閉復
又加蓋碎石益臻鞏固至支河分溜雖時有多
寡距隄總在一二里及七八里之遠形勢極為
循順詢之年老弁兵及沿隄父老僉稱壩工堅
穩足以抵禦汛漲實可放心惟本年清明長水
較大於往年轉瞬大汛經臨不可不慎益加慎
兹勘得北岸黄沁廳屬武陟汛秦家廠馬營越
隄一帶河勢坐灣北趴該處土性純沙灘面既
低溝槽更多錯雜暗險堪虞必須預築壩格跨
壓攔禦擇要增培隄工以保萬全此外南岸上
南廳之鄭州上汛胡家屯下南廳之祥符下汛
三十二堡商虞廳之商邱汛九堡凡灘窪隄卑
之處均應分别加高培厚築壩預堵串溝以防

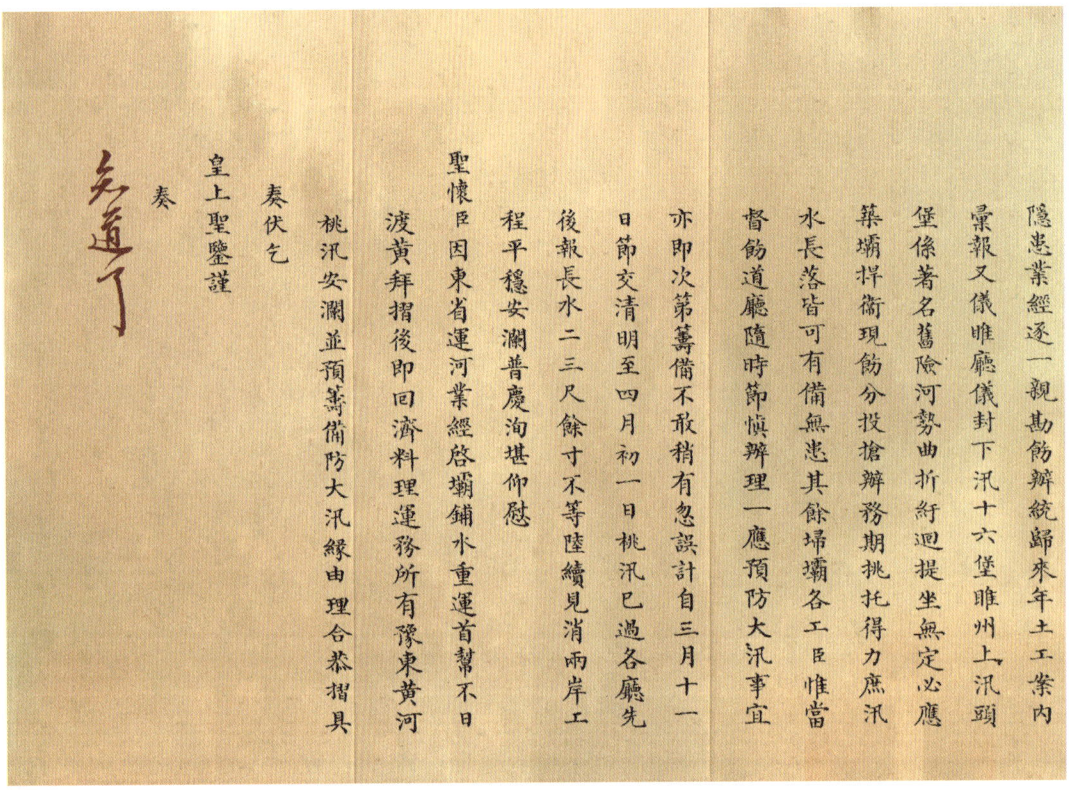

隱患業經逐一親勘飭辦統歸來年土工案內
彙報又儀睢廳儀封下汛十六堡睢州上汛頭
堡係著名舊險河勢曲折紆迴提坐無定必應
築壩捍衛現飭分投搶辦務期挑托得力庶汛
水長落皆可有備無患其餘埽壩各工臣惟當
督飭道廳隨時節慎辦理一應預防大汛事宜
亦即次第籌備不敢稍有忽誤計自三月十一
日節交清明至四月初一日桃汛已過各廳先
後報長水二三尺餘寸不等陸續見消兩岸工
程平穩安瀾普慶洵堪仰慰
聖懷臣因東省運河業經啟壩鋪水重運首幫不日
渡黃拜摺後即回濟料理運務所有豫東黃河
桃汛安瀾並預籌備防大汛緣由理合恭摺具
奏伏乞
皇上聖鑒謹
奏

知道了

道光十八年四月　初二　日

再黃河溜勢自上年霜後至今不無提移兩岸各廳臨黃埽段間多淤閉亦有滙出舊埽之處除祇須加鑲段落已飭彙入春鑲估修外其舊底滙淨塌及隄壩必須補鑲抵禦者如南岸中河廳中牟下汛四堡魚鱗頭壩藏頭埽及頭二埽並五堡挑壩下首順隄頭二三埽均係淤閉之工底料朽腐溜注滙淨照段補還蘭儀廳蘭陽汛十堡挑水頭壩埽工四段內頭三兩埽分上下段係十五年停修河溜側注舊埽刷塌補鑲新埽四段內頭埽三埽仍分上下段儀睢廳睢州上汛二堡順水頭壩並戧頭壩各有舊埽三段淤閉多年底料糟朽溜趨刷淨補還新埽六段北岸祥河廳祥符上汛十五堡挑水壩緩修之頭埽及五六埽並人字壩上首舊埽四段大溜圈刷先後滙塌分投按段補還下北河廳蘭陽汛十六堡二道靠壩頭二三四埽及順隄壩埽工四段均係淤閉之工舊底糟朽河溜側注陸續塌淨以次補還新埽八段以土各工經

該管之開歸河北兩道督飭各廳營鑲壓穩實

臣到工查驗辦理均屬合宜抵禦亦甚得力理

合附片具陳謹

奏

知道了

八三一

奏

河東河道總督臣栗毓美跪

奏為入伏前後黃河各路來源接續盛漲兩岸各
工鑲護平穩臣查過下游料物工程加謹籌防
先行恭摺奏祈
聖鑒事竊照時屆伏汛赴豫巡防經臣於五月二十
九日附摺
奏報後即赴單縣上隄由曹縣渡河至豫省虞城
縣溯查西上北渡蘭陽計北岸之糧河曹河曹
考下北南岸之歸河商虞睢寧儀睢蘭儀下游
九廳查閱一週查本年黃河底水較大各廳清
明長水皆已大於去年迨五月二十四五日黃
洛兩河接長水六尺三寸雖在前水暢消之後

河身足以有容臣在濟聞報已以長水較驟為
慮茲逐次節據呈報萬錦灘黃河於六月初四
及初六日辰未兩時並十一日巳戌兩時五次
長水一丈五尺六寸武陟沁河於五月二十六
六月初五初六及初九日卯戌兩時並十一日
六次長水一丈一尺九寸鞏縣洛河於六月初
九日長水三尺統計半月間大河各路來源共
長三丈五寸內六月初五六日沁黃兩河接長
一丈七寸初九日沁洛兩河並長八尺四寸十
一日沁黃並長七尺八寸猛而且大尤為近年
未有之盛漲加以瀕河大雨時行匯流下注以
致各廳水誌無不紛紛報長其長水最大之處
連前積存至一丈七尺餘寸出槽之水普律漫
灘其漫抵隄堰根者自一尺餘寸至七尺餘寸
不等浩瀚汪洋一望無際幸隄根灘面舊有溝
槽連年築做壩格節節攔截不致刷成河形引
溜生險而隄堰亦經上冬今春原續估加現在
出水尚高堪資抵禦其臨河迎溜舊埽間被刷

埽即經隨時搶補就其鑲壓穩定者臣勘核明
確另片恭呈
御覽餘俟跟追完竣再行核奏以杜虛浮至原做甎
石各壩挑禦大溜上托下蓋並未新生埽工間
有蟄卸酌加碎石亦俱堅穩屹立兩岸土工先
後據報完竣臣所過各廳挨工查驗丈尺數足
簽試飽滿尚無偷減草率積弊其六成稭料改
辦碎石及上年預提防險銀兩改辦碎石均於
伏汛前具報辦完臣恐新舊相淆預飭分別編
號按碼插簽茲挨號量方核與發辦之數尚無
短少新舊各碼一目了然無所容其牽混仍嚴
飭各廳非遇埽段危險及甎石壩蟄卸過緊者
不准率行拋用並當與各道隨時監視以節虛
糜而資儲備現在長水見消各工均屬平穩惟
大汛方交來源已旺臣查近年盛漲以道光十
二年為最大現量隄高該年盛漲水勢不及一
丈二尺者仍飭酌加子堰以期保護萬全統歸
已亥年土工案內彙報其向未經水之隄誠恐

底土浮鬆或有鼠穴獾洞一經灘水漫注不無
走漏窨潮所謂千金之隄潰於蟻穴者實為莫
大隱患雖兵夫循例分段巡查臣更責成廳營
汛委各員不分雨夜輪流稽察總期大隄內外
時刻有人雖猝遇緊險無難立臻平定臣仍與
各道不時親身密為查記以便懲惰賞勤共知
保衛各廳料土用多存少者現據各道核稟酌
為添辦各工防險錢文先據道稟發銀換錢分
別存貯委員看管不准短少挪移該臣到處抽
查尚屬足數除委候補知府徐經陶福恒分赴
南北兩岸隨同開歸河北兗沂三道上下查防
外臣復帶同在工學習之主事黃慶安周歷各
工督率巡防務期籌備周密永保安恬仰副
聖主重工衛民之至意臣拜摺後即赴上游各廳督
防所有入伏前後大河來源盛漲各工鑲護平
穩及臣查過下游情形謹先恭摺具
奏伏乞
皇上聖鑒再臣此次經過豫東各縣時雨普沾早秋

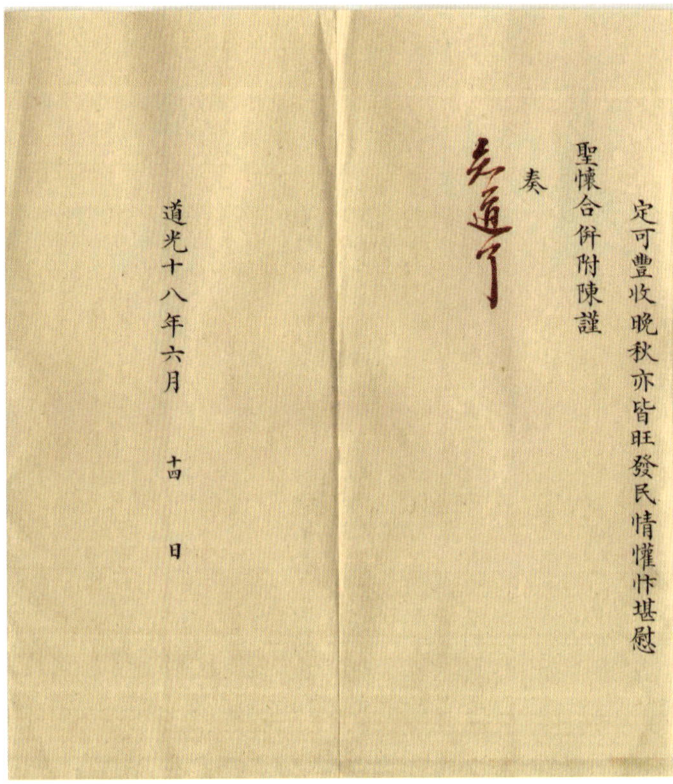

定可豐收晚秋亦皆旺發民情懽忭堪慰

聖懷合併附陳謹

奏

知道了

道光十八年六月　十四　日

再入伏前後河水盛漲勤而且大雨岸各廳報
鑲工段除盤壓未竣及臣尚未查驗之工另容
勘核具
奏外兹查南岸商虞廳虞城上汛十四堡順水頭
壩三四埽順水二壩四埽並上首護厓埽順水
三壩埽工四段及上首埽工二段順水四壩迤
上空檔埽工三段五壩頭埽上首藏頭埽二段
係十四十七等年停修之工底料糟朽溜注塌
淨分投補還新埽十五段睢寧廳睢州下汛五
堡埽靠連順隄護厓上年緩修舊埽九段水長
溜趨先後滙塌照舊補還儀睢廳睢州上汛頭
堡順水二壩接連戗壩舊埽十二段係十七年
緩修大溜逼注陸續塌淨按段補鑲蘭儀廳蘭
陽汛十堡第一道戗壩並下首空檔北戗頭埽
至五埽並七埽第二道戗壩並下首空檔北戗
埽工三段内二三兩埽分上下段又挑水二壩
埽工四段係十一十五及十七等年先後緩修
溜注滙淨以次補鑲新埽十五段北岸下北河

廳蘭陽汛十三堡順隄頭埽迤上埽工七段及邁埽上首順隄三四五埽係停修舊工河溜逼刷先後滙塌照段補還以上各工經該管之開歸道張坦河北道劉體重督飭廳營鑲壓堅穩

臣到工查驗辦理尚屬合宜其餘卑矮埽段亦俱加鑲高整堪資抵禦汛漲合併附片具陳謹

奏

知道了

八三二

奏

河東河道總督臣栗毓美跪

奏為豫東黃河伏汛安瀾恭摺具報仰祈

聖鑒事竊照入伏前後黃河接續盛漲各工鑲護平

穩經臣恭摺

奏報後因北岸上游黃沁衛糧兩廳原陽兩汛支

河及攔黃堰各工最關緊要而武陟滎澤一帶

灘水更為寬深甚不放心即自下北廳祥河廳

溯查西上勘得原陽支河距隄仍在一二里至

七八里之遠形勢並無變遷隄根壩檔久經淤

高均無灘水存積惟日前沁黃洛河非連日接

長即同日並漲支河迎溜頂衝之甎石各壩節

經各該廳動用存工甎石或接長加高或酌添

小壩抵禦甚屬堅固臣到陽武正值長水暢消
壩前溜已平緩比行抵原武支河漸見斷流遥
望王屋莊支河分溜之處竟成一片淤灘不獨
各壩前水勢消落業已澄清舉凡臨河新舊壩
檔一律增淤甚厚如從此支河搁閉則大溜全
歸正河洵屬大好氣象第現係盛漲初平進水
溝口嫩淤新掛情形尚不足恃臣仍飭將甎石
各壩收拾齊整以資防備其黄沁廳屬攔黄堰
首受出山之水前漲未消後漲踵至大溜奔騰
側注洶湧異常幸春汛伏前經河北道劉體重
相度機宜督率廳營將堰前迎溜甎石各壩隨
時加抛均臻穩定而官工尾甎挑大壩尤為攔
堰上托下蓋喫緊之工加抛碎石極為寬厚壩
身鞏固屹立雖昨因水長對面生灘逼溜趨刷
較猛而該壩挑禦甚力溜勁不能動摇隨刷去
對面灘嘴河身展寬一百餘丈大溜立即外移
壩前頓形淤墊臣到工履勘實已化險為平第
秋汛正長漲水大小靡定尤須加意慎防所有

官工民堰因積淤較厚堰身較卑之處趕為加
高不敢因溜勢外移稍涉懈忽臣仍親駐該工
督率道廳營汛將甎石各壩分別加幫並查明
迤下附近民堰灘厓漥塌者擇要添拋甎壩甎
垜蓋護碎石務期永資捍衛不致裹卧生險查
攔堰河形本係由南厓廣武山根行走因嘉慶
年間該堰生工鑲埽引溜北趨逐年接鑲一千
一百餘丈片段過長實為著名險要此後可冀
仍歸故道民田亦得逐漸涸復至武陟汛秦家
厰馬營越堰並滎原越隄一帶河勢坐灣北卧
灘面低窪溝形錯雜臣於本年春汛查工時即
慮及汛水漲漫暗險堪虞預行估築壩格跨壓
攔禦並擇要增培隄堰此次河水疊漲自武陟
以至滎澤原武等汛普律漫灘係在隄堰幫培
完工之後隄根積存水深三尺至九尺堰高水
痕六七八尺不等即飭再加子堰高出水痕一
丈二尺為度以防續漲統歸已亥年另案土工
估報現在灘水遞消灘面溝槽窪形一律淤平

壩根堰根亦積淤一二尺不等串溝隱患庶可
悉除此外惟衛糧廳東西圍堰前積有灘水幸
距河尚遠水落即消其餘上下二百餘里自前
年支河遠移以後漫水沙灘盡成沃壤秋禾青
葱彌望普慶豐登無不感沐
皇仁同聲惟頌現在節屆立秋伏汛已過兩岸各工
平穩豫東黃河安瀾洵堪上慰
聖懷臣此次查過土埽工程驗收貯工碎石容彙同
南岸上游另行核
奏即於拜摺後渡河而南順查東下合併陳明所
有伏汛安瀾緣由理合恭摺具
奏伏乞
皇上聖鑒謹
奏
知道了

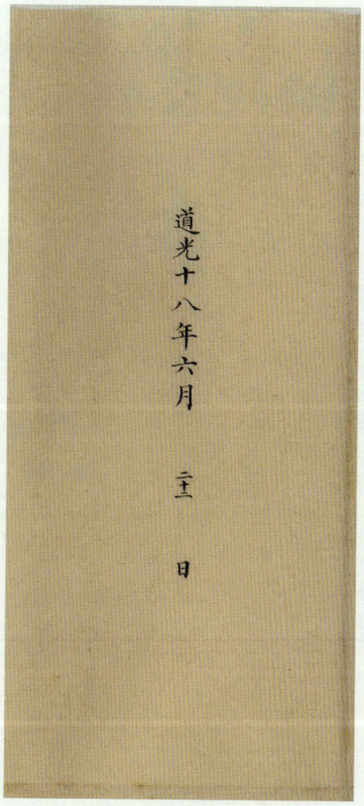
道光十八年六月　二十一　日

再查南糧重運據報截至六月初十日出東境者三十三幫十二日出臨閘者五十二幫十六日過濟城者八十四幫在後各幫跟接北上現在汶衛兩河水勢並旺臣仍批飭道將廳營嚴督所屬趁水趲行速益加速不許片刻脫延其回空首幫於六月初一日已入東境合併奏慰

聖懷謹

奏

覧

八三三

奏

河東河道總督臣栗毓美跪

奏為防護黃河凌汛並嚴催辦料情形恭摺具

奏仰祈

聖鑒事竊照十一月初六日節交冬至凌汛已屆伏查黃河修守桃伏秋凌四汛並重本年底水較大各廳長水霜後尚未全消當此氣候嚴寒河水易於凍結臨黃埽段一經冰塊剷刷必致上實下虛鑲修恐費周章其河勢坐灣之處冰凌擁集又防水勢擡高壅遏為患臣先經通飭兩岸道廳預備撬凌椿杷密掛埽前並多備打凌器具遇有冰塊擁注隨時敲打推行順流東下不任停積阻滯並責成各廳營汛於風緊凍合

之時親身上隄防護各該道亦隨時密查現在
各工均屬平穩至各廳採辦歲儲除四成添稭
業經
奏明緩至來春察看河勢情形再行發辦外其現
購歲稭臣疊次嚴飭不准虛懸延緩復委在工
學習之工部候補主事黃慶安並候補知府徐
經陶福恒前往兩岸查催已據各廳陸續報竣
並飭將應辦碎石趕緊採運務期依限全完臣
於來春上隄挨廳分別驗收次第
奏報至北岸黃衛二廳原陽支河自霜節復又分
溜交冬以後逐漸輕減據報現在行溜四分循
順東趨形勢並未變遷工程悉臻穩固其下南
等廳灘面本年汎水掣刷溝槽已飭估築土格
並乘此冬令由廳督飭兵夫於溝槽内編栽柳
笆俟交春發生穧資攔截澄淤以除隱患務保
平安所有防護凌汛嚴催辦料情形謹恭摺具
奏伏乞
皇上聖鑒謹

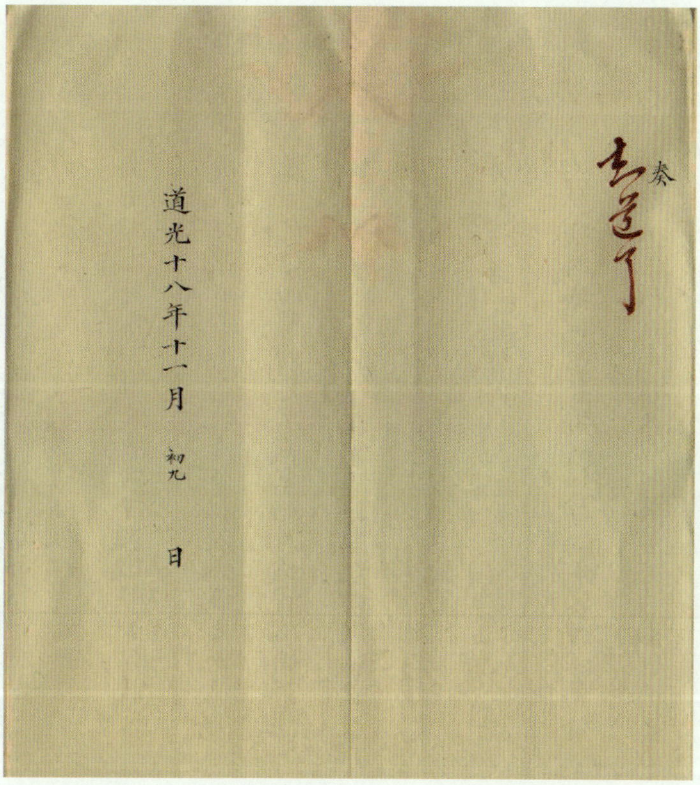

奏

知道了

道光十八年十一月初九日

軍機大臣　字寄

大學士署直隸總督琦　山東巡撫經　河東

河道總督栗　道光十八年五月二十二日奉

上諭前據栗毓美奏請嚴閉臨清牐板以資蓄水養船

俟汶衛見長再行相機併塘打放已有旨依議行

矣本日據琦善奏稱現在軍船挽入直隸境者僅

止三幫第四幫船行至戴家牐地方淺擱頂阻迄

今二十餘日尚未行動似此節節脱空壓前積後

將來回空限迫始行銜尾北來直隸河道寬濶處

少既難方舟並行同時擁擠前來沿途所雇

民剥難期輪轉即倉場起卸每日亦不過三萬餘

石斷不能剋日完竣又該河督前奏既稱牐外添

築草壩九道節節擎蓄又何至啟放牐板即至一

瀉無餘等語漕粮為天庾正供抵壩回空均有定

限該河督前請嚴閉牐板自係為浮送在後軍船

起見惟現經出牐各幫稉塞河干專待水長若不
及早籌畫俾得接續遄行亦未免顧此失彼該河
督惟當不分畛域通盤籌議趕緊設法濟運現届
大雨時行河水自必漲發迅即相機妥辦毋得拘
泥前奏稍滋延誤如將來到壩擁擠起卸不及以
朕必重治栗毓美辦理貽誤之罪決不寬恕
致回空逾限惟該河督是問並著琦善經額布嚴
飭所屬相度機宜認真挽運並多雇船隻源源迎
剥斷不准藉口水短稍存諉卸將此各諭令知之

欽此遵

旨寄信前來

八三四

奏

河東河道總督臣栗毓美跪

奏為恭報豫東黃河桃汛安瀾並籌辦工程備防

大汛仰祈

聖鑒事竊照黃河以清明後二十日之内為桃汛臣

前於查料事竣時已屆期即應駐工巡防當經

奏明在案伏思河工修守重在伏秋大汛而彌患

未萌則全賴春汛勘工時察看形勢凡工之將

生未生豫為籌防有備始能無患豫東河灘寬

廣土性沙鬆溜趨靡常險無定處自道光十五

年原陽支河分溜下游節節變遷臣連年於桃

汛到工周歷兩岸與各該道詳細履勘見有河

勢上提下坐即督飭廳營豫築甎土挑壩大汛

深資蓋護並未出險生工錢糧亦漸歸節省蓋
溜至鑲埽必待搶辦於臨時而用甎築壩正可
豫防於先事春汛杜一將生未生之工大汛即
少一已生已成之險也茲勘得北岸原陽支河
分溜雖有七分而循順東趨甎壩屹立加壓碎
石抵禦甚為得力黃沁廳之攔黃堰下南廳[illegible]
黑堤工溜行距堤愈遠壩工極為穩固此外[illegible]
岸中河廳之中牟下汛五堡上秋河勢下卸誠
恐迤下六七堡一帶舊險復出當將六堡之挑
水土壩二道大土壩一道拋護甎石克臻平穩
曾於寒露摺內陳明在案嗣因該工下首河溜
圈刷復先後委員於埽灘坐灣之處拋築長短
甎壩三十餘道保護灘厓臣到工查驗辦理悉
合機宜溜漸外移壩檔均已受淤惟側注之勢
尚未挽歸正泓現飭加拋高厚放足坦坡以資
抵禦汛漲下南河廳祥符下汛並陳留汛一帶
地勢本窪汛水漫積堤根久為隱患近因河勢
日往南趨灘厓刷成坡形一遇水長即串漫涯

注隄根水深六七尺八九尺極為險要必應幫
培大隄擇要抛築甎土各壩庶隄身得以捍衛
壩前亦可冀其淤墊前已
奏請備甎五千方即責成開歸道就近督率廳營
妥為辦理務於大汛一律完竣儀雎廳雎州上
汛河勢紆迴曲折上提則頭二堡喫重下卸則
三堡著險從前鑲埽幾無虛日不獨徒滋勞費
抑且危險堪虞臣於上年節經與該道廳相度
形勢抛築甎石各壩以資抵禦茲因河溜下卸
三堡係舊日失事處所最關緊要現又添抛長
短甎壩挑溜開行遞下十堡河勢切近隄根抛
築甎壩層層挑托均不至再向裏臥北岸祥河
廳祥符上汛三堡因對岸挺生灘嘴河身上彎
逼溜北趨上年曾築土壩堵截隄前溝形現因
水長圈注塌至壩頭勢將入袖飭令該廳購集
甎塊復撥運上游存甎抛護壩頭並於灘厓抛
築大小甎壩十數道溜漸外移遞下串水由四
堡至十三堡歸入大河其灘面漫水寬深之處

用甎抛築長格跨壓溝槽盛漲即可澄淤東省
糧河廳單上汛十三四堡河勢圈臥塌灘切近
隄根先經築壩挑禦第壩頭一經著河必須鑲
埽裹護而刷深引溜靡費轉多當用該工存甎
並一面收買民甎即就壩前灘厓抛築甎壩溜
勢隨即外移存灘並未續塌仍須加抛高罩蓋
護碎石以禦汛漲以上各廳甎石工段統俟經
歷伏秋大汛再行查明高寬長丈覈實具
奏其餘各廳應修埽段已飭歸於春鑲埽工估修
不准遽報另案工程臣惟當督飭道廳隨時隨
事節慎辦理一切大汛事宜亦在次第籌備不
敢稍有忽誤計自二月二十二日節交清明至
三月十二日桃汛已過各廳報長水二三尺餘
寸不等旋即見消兩岸工程悉臻平穩普慶安
瀾洵堪仰慰
聖懷臣因東省運河挑工報竣正在啟壩鋪水重運
業已渡黃北來即回濟料理迎漕濟運事宜所
有豫東黃河桃汛安瀾並籌辦工程情形備防

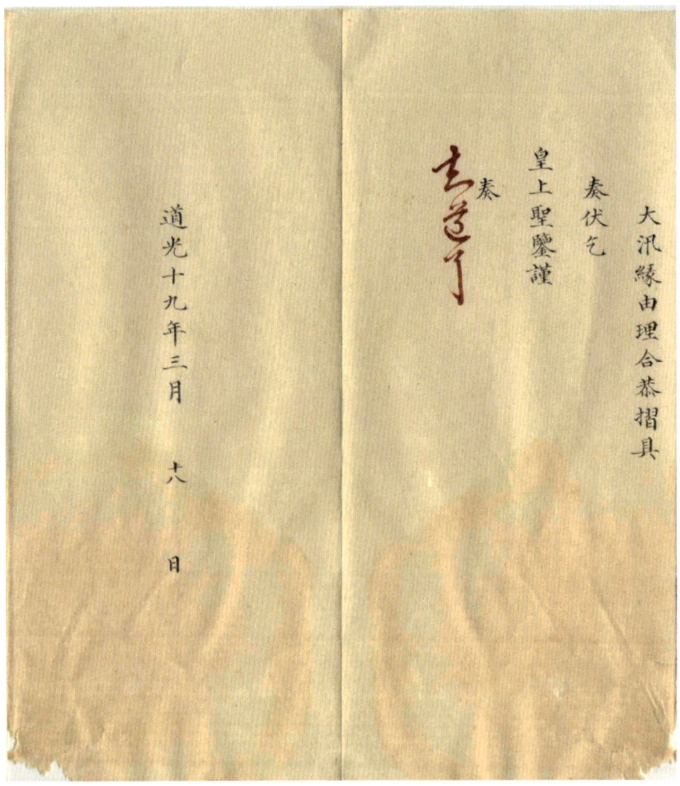
大汛緣由理合恭摺具

奏伏乞

皇上聖鑒謹

奏

知道了

道光十九年三月　十八　日

再河南下南廳同知高步月祥河廳同知顧元
承均於試署期滿
題請實授案內奉部調取引
見應即照例給咨惟現查南岸下南廳祥符下汛至
陳留汛一帶河勢南臥灘厓刷成坡形串水滙
注隄根節節喫重亟應抛築甎土各壩以資防
禦免致出險生工其北岸祥河廳祥符上汛三
堡河身坐灣塌灘距隄較近亟須趕築甎土壩
工該二廳一係省城保障一係運道所關最為
緊要瞬交大汛均須該員等一手經理應請緩
俟本年霜降安瀾後再行給咨赴部臣為要工
起見理合附片具陳謹
奏

依議吏部知道

再查豫東黄河各廳向來春鑲估定後核計用
存料數不敷大汛修防即於桃汛内分别添辦
以免水長購運料户居奇歷年循辦在案惟春
汛所發添料歷係於例撥防險銀内動支近年
黄河各廳舊有埽工雖仍不免蟄塌補鑲而自
兼用甎工以後並未新添埽段稭料因之節省
是以臣於上年十月請購添料摺内附片
奏明將已亥年四成防料銀兩存貯道庫俟臣於
春汛驗料後察看各廳河勢情形再行發辦在
案兹查豫省開歸河北二道有上年緩辦防料
六百四十垛東省兖沂道有上年緩辦防料一
百六十垛節據各該道分别應添料數稟請發
辦並聲明將扣存四成防料銀兩劃抵前來臣
查所請添料垛數與歷年春汛相仿而以上年
扣存之銀抵今春添料之用於儲備仍屬有資
而於防險錢糧已有節省除嚴飭照數趕購另
廠堆貯報候查驗不任稍有牽混遲延外合併
附片奏

聞
謹
奏
知道了

八三五

奏

河東河道總督臣栗毓美跪

奏爲南糧重運頭進尾幫出境三進首幫入境在

後各幫跟接上行水勢足資浮送現仍督飭加

緊提催速益求速恭摺奏祈

聖鑒事竊照南糧重運頭進首幫出境二進首幫入

境各日期經臣恭摺

奏報在案查五月初八及十四十五等日東省瀕

河一帶密雨優沾汶泗府洸各河陸續見長閘

内運河水勢充足雖閘外衛河前次長水七尺

餘寸現已遞消仍存水深四尺幫船出閘堪資

浮送其喫水較重適於定例間形淺澁者撈淺

起剥隨時前進尚不致於頂阻據報南糧重運

頭進尾長淮三幫船三十二隻已於五月二十一日挽出德州柘園鎮東境查上年頭進尾幫係六月初八日出境本年較早十七日若按上年閏四月計算更早四十七日較十七年六月十九日出境計早二十八日在後二進首幫亦即跟艄北上截至五月二十一日出東境者共二十五幫出臨閘者共三十幫二十五日過濟城者五十七幫船行極為順利惟南路自東省八閘至江境邳宿運河地勢建瓴前因山水漲發滙流下注各閘溜勢高下懸殊幫船逆流而上提挽維艱是以行入東境之時不無稍有脫檔經臣咨准江南河臣復稱各路越壩引渠酌啓分洩溜甫見平幫船現已趲行上閘據報三進首寧波後幫船四十三隻於五月二十四日挽入黃林莊東境較十七年六月初三日三進首幫入境計早九日較上年閏四月二十八日三進首幫入境雖遲二十七日而連閏計算則尚早四日截至五月二十四日共計入境六十

四幫至微山湖存水宣濟重運已閱兩月幸雨
澤應時閘河充裕先經臣酌啓魚臺汛各單閘
將運河有餘之水由南陽昭陽二湖遞注微湖
以助潴蓄更得瀕湖澍雨晴長潛滋現仍存水
八尺五分較湖口雙閘啓板之先僅消七寸五
分在後江廣重船儘足灌輸上挽先經臣委右
營遊擊徐貫一馳赴臺莊迎提江境第三塘渡
黃軍船星夜趲挽俾免脫檔耗水並飭道廳隨
時相機宣濟一俟第四塘全漕渡黃跟接入境
挽上韓莊即可築壩收水以補微湖定誌仍嚴
飭閘河內外司漕文武加緊提催速益求速以
期全漕迅達通倉上抒
宸注所有南糧重運頭進尾幫出境三進首幫入境
各緣由理合恭摺具
奏伏乞
皇上聖鑒謹
奏

知道了

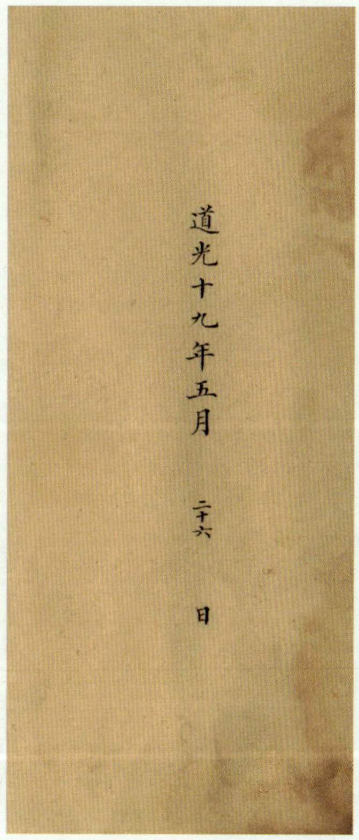
道光十九年五月二十六日

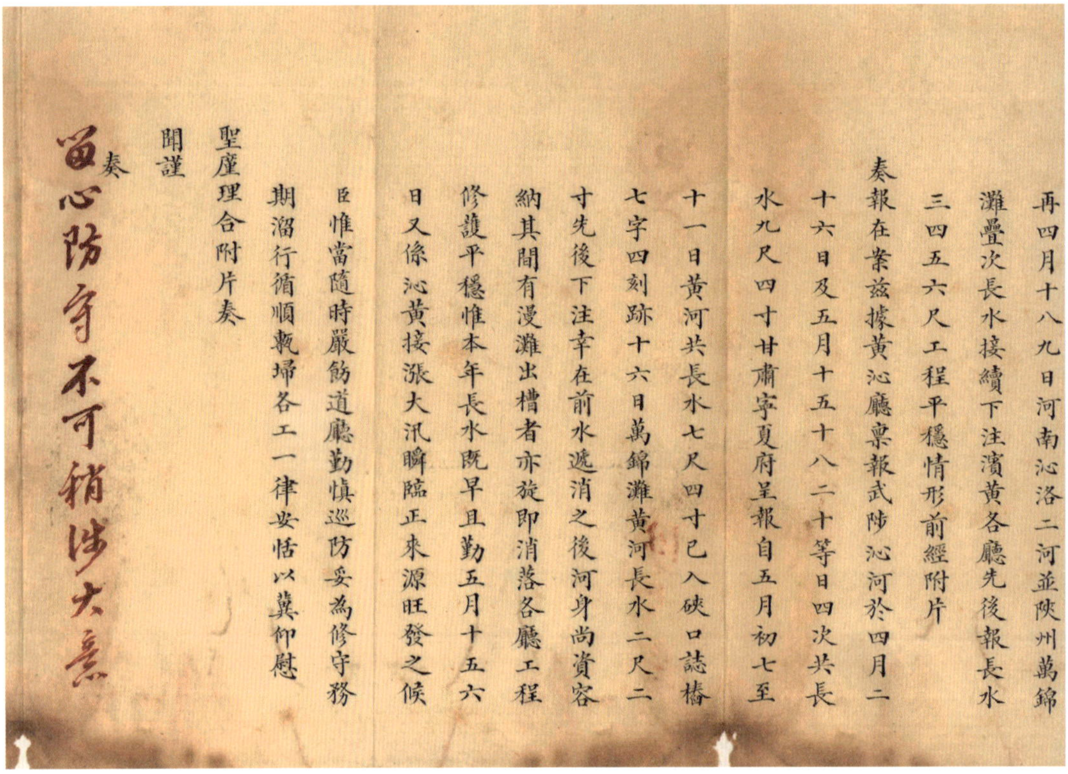

再四月十八九日河南沁洛二河並陝州萬錦灘疊次長水接續下注濱黃各廳先後報長水三四五六尺工程平穩情形前經附片

奏報在案茲據黃沁廳稟報武陟沁河於四月二十六日及五月十五十八二十等日四次共長水九尺四寸甘肅寧夏府呈報自五月初七至十一日黃河共長水七尺四寸已入硤口誌樁七字四刻跡十六日萬錦灘黃河長水二尺二寸先後下注幸在前水遞消之後河身尚資容納其間有漫灘出槽者亦旋即消落各廳工程修護平穩惟本年長水既早且勤五月十五六日又係沁黃接漲大汛瞬臨正來源旺發之候臣惟當隨時嚴飭道廳勤慎巡防妥為修守務期溜行循順榦埽各工一律安恬以冀仰慰

聖廑理合附片奏

聞謹

奏

留心防守不可稍涉大意

再接准部咨以銅船正運一起蕭榕已入山東
境二起駱承源尚未出桃源縣境令即查明各
該運逗遛何處嚴飭沿途文武員弁押令迅速
趲行等因正在核辦間復於邸抄内恭讀
上諭戶部奏寶泉局鼓鑄錢文現在銅觔僅敷本年
七月預發九月分鼓鑄之用在途銅觔疊經行催
迄今僅止正運一起委員蕭榕挽入山東黄林莊
二起委員鄭訓逵三起駱承源四起任芬加運一
起王燮等均無北上音耗京局需銅甚殷亟應催
令挽運著山東巡撫直隸總督嚴飭沿河文武員
弁迅將蕭榕所運銅觔相機設法押令晝夜遄行
勒限六月以内全數運局俾資接濟其現泊江境
之銅運委員鄭訓逵駱承源任芬王燮及鉛運委
員步雲龍各運船隻著兩江總督江南河道總督
迅即嚴催趲運務令剋期解到以符例限而裕鼓
鑄仍將各運出入境汛日期專案報部查核欽此
遵查正運銅船雲南一起委員蕭榕已於五月
初六日挽出東境三起駱承源四起任芬貴州

鉛船委員步雲龍均於五月十四日出臨清關
其銅船加運一起委員王燮於五月二十四日
過濟均經臣嚴飭沿河文武員弁遵照成案催
令隨漕插檔跟接北上不任片刻停延至滇銅
二起委員鄭訓達現在尚未入境合併陳明除
專案咨部外謹
奏

覽

八三六

奏

河東河道總督臣栗毓美跪

奏爲豫東黄河入伏後沁黄接漲兩岸各工鑲護

平穩臣查過下游各廳料物工程先行恭摺

奏祈

聖鑒事竊臣前以東省運河水長船速時交伏汛應

即赴豫巡防緣由

奏報後隨自濟起程由單縣上隄歷曹縣渡河而

南至豫省虞城縣溯查西上北渡蘭陽計北岸

之糧河曹河曹考下北南岸之歸河商虞睢寧

儀睢蘭儀下游九廳查閱一週查黄河各路來

源本年伏前共長水三丈三尺有奇已較近年

爲大迨交初伏疊據呈報陝州萬錦灘黄河於

六月初六日長水二尺三寸武陟沁河於六月
初七日申戌兩時及初八十四日四次共長水
一丈三寸內沁黄兩河三日之中接漲一丈四
寸九為猛驟加以沿河大雨時行滙流下注各
廳水誌無不報長幸前水業已暢消後漲足資
容納從前漫灘之處現在轉未出槽隄堰出水
甚高堪資抵禦推原其故實以連年奏荷
天恩兩岸多築甎土各壩攔截串溝逐漸淤墊挑逼
溜勢直走中泓河槽漸見刷深東流倍形順速
來源雖大旋長旋消實屬大好氣象間有臨河
舊埽朽腐脱胎迎溜刷塌即經隨時搶補就其
鑲壓穩定者臣勘核明確另片恭呈
御覽餘俟跟追完竣再行核奏以杜虛浮至糧河廳
單縣上汛十三四堡上年河勢圈臥塌灘近隄
先經築壩挑禦臣於桃汛查勘時恐壩頭著河
鑲埽引溜生工即飭就壩前灘厓拋築甎壩以
資捍衛兹溜勢日見外移壩前已有嫩淤仍飭
購甎加拋高厚酌蓋碎石以備汛漲漫刷商虞

廳虞城上汛十五堡本年春間河勢裹臥塌灘
舊埽間段刷出該處接連迤下十六堡淤閉舊
埽片段甚長一經溜勢下卸則舊險復生糜費
滋大當經飭購秸塊趕於十六堡灘外拋築秸
壩力保存灘不任刷塌茲到工察看溜已外移
不獨存灘未塌抑且淤有新灘舊工可期不出
儀睢廳睢州上汛三堡及十堡添拋秸壩現在
挑溜開行不致再向裹臥仍恐大汛水長溜勢
上提頭二堡又形喫重飭令多購秸塊以資備
防此外原做秸石各壩挑禦大溜上托下蓋並
未出險生工間有摯卸酌加碎石無不堅穩屹
立兩岸原估土工先經一律報竣臣所過各廳
挨工查驗丈尺數足籤試飽滿尚無偷減草率
其預辦庚子年土工間有未完藉以養夫防險
亦屬剋期可竣其六成稭料改辦碎石及上年
預提防險銀兩改辦碎石均於伏汛前具報辦
完臣按碼量方核與發辦之數尚無短少並分
別新石舊石逐堆編號無所容其牽混仍嚴飭

各廳非遇埽段危險及執石壩嘴卸過緊者不
准率行拋用並當與各道隨時監視以節虛糜
而資儲備現在長水已消各工均屬平穩惟計
本年黄河各路來源長水雖大而萬錦灘所長
尚不甚多此後汛期正長續漲殊難臆測各廳
料土用多存少者現據各道核稟酌為添辦並
循照舊章發銀換錢分貯各堡及緊要工廠委
員看管不准短少挪移以備緩急之用臣前次
附奏五月內黄河長水片內欽奉
硃批留心防守不可稍涉大意欽此查兩岸隄工千
有餘里耳目稍有未周防守或恐疎懈現派候
補同知通判知縣及佐雜各員分段防守並委
候補知府徐經陶福恒分赴南北兩岸隨同開
歸河北兗沂三道上下查防臣復帶户部湖廣
司員外郎汪喜孫工部候補主事徐啓山周歷
各廳往來策應務期籌備周密永保安恬仰副
聖主重工衛民之至意臣拜摺後即赴上游各廳督
率巡防所有入伏後沁黄接漲各工鑲護平穩

並臣查過下游工料情形謹先恭摺具陳伏乞
皇上聖鑒再臣此次經過豫東各州縣時雨普沾早
秋已卜豐收晚禾並皆芃茂民情懽忭堪慰
聖懷合併陳明謹
奏
知道了
道光十九年六月　二十三　日

八三七

奏

河東河道總督臣栗毓美跪

奏為節逾寒露豫東黄河水平工穩臣周歷兩岸
下游查過工程料物恭摺奏祈
聖鑒事竊照秋分節後臣查過上游工料情形並籌
辦來年土工經臣於八月二十一及二十七日
先後具
奏在案隨自蘭儀廳順查而東北渡曹縣歷儀睢
睢寧商虞歸河糧河曹河曹考計下游七廳又
閲一週沿途察看黄河因雨水滙流各長一二
尺餘寸來源均未報長旋即次第暢消溜行極
為順直淤灘廣遠埽壩平綏兩岸隄堰較高本
年盛漲水痕均在一丈二尺内外較上游情形

足資防守堪以仰慰
聖懷其預辦庚子年土工伏汛間有未完隨據一律
報竣兹到工量驗委係堅足如式查碎石一項
向祇拋護埽根近又壓蓋甎壩因其價昂路遠
購運不易非經臣勘定指拋及各該道駐工督
辦概不准稍有率糜現在臣通查兩岸内豫省
之上南中河下南蘭儀儀睢黄沁衛糧祥河下
北九廳東省之曹河糧河二廳甎埽各工外共
拋石三十七段每段用石自三十方至一千七
百三十餘方不等雖水底探量恐難確實而各
工舊存新收之石前經臣驗有準冊以現在所
存覈其所用尚無浮捏間有本工存石不敷撥
用上游之石者覈對亦屬相符其拋辦甎工或
於隄前拋護壩頭或於埽前接拋甎壩空檔加
拋甎垜或於灘厓之前拋壩保護或於灘厓築
做順河土壩壩前接拋長短甎壩或因灘面漫
水寬深逼刷隄根跨壓溝形拋築甎格或就舊
有甎壩接長加高以及中河儀睢兩廳上秋奏

明拋辦未竣本年拋足之工計豫省上南中河
下南儀睢商虞黃沁衛糧祥河八廳東省糧河
一廳共拋甎工五十六道每道用甎自二十餘
方至二千五百八十餘方不等據各該道將甎
石各工段落稟送節畧前來臣勘驗無異謹分
别繕片恭呈
御覽查點各工用存稭埽俟霜後請添防料由道嚴
實扣除臣先將點明埽數同存工甎石分別登
記冊檔以憑查考不任稍有弊混臣因時近霜
降折回蘭陽北岸督同各道將本年工用銀數
詳慎勾稽覈實造報所有節逾寒露水平工穩
並臣查過下游工程料物情形理合繕摺具陳
伏乞
皇上聖鑒謹
奏

知道了

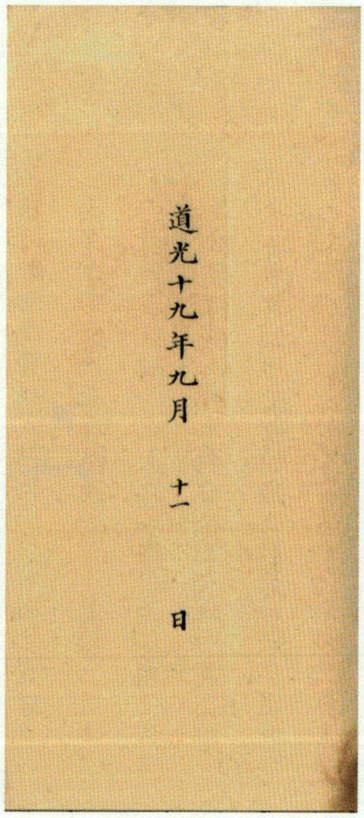

道光十九年九月　十一　日

再各廳自春徂秋陸續抛辦甎工或於隄前抛
護壩頭或於埽前接抛甎壩空檔加抛甎垛或
於灘厓抛壩保護並築做順河土堰堰前接抛
長短甎壩或因灘面漫水寬深過刷隄根跨壓
溝形抛築甎格或就舊甎壩接長加高並上秋
奏明抛辦未竣本年抛足之工均經臣與各道
隨時督飭廳營如式抛築一律鞏固兹查豫省
南岸上南河廳滎澤汛十二堡下首第三道土
壩前抛築甎壩一道長六丈鄭州上汛頭堡核
桃園新頭壩上首土壩前抛築甎壩一道長四
丈又甎土壩下首空檔灘厓抛築甎垛二道長
一丈五尺及一丈七尺鄭州下汛十四堡來童
寨順七壩迤下土壩前抛築甎壩一道長三丈
三尺又甎土壩下首空檔灘厓抛築甎垛一道
長二丈托壩中間土壩前抛築甎壩一道長二
丈八尺中河廳中牟下汛五堡挑水二三壩各
抛甎壩一道長九丈及十二丈六堡大土壩外
抛築甎壩一道長十二丈該堡大土壩迤下接

簽順河土堰一道長五百六十丈堰前抛簽甎
壩七道長自七丈一尺至十二丈二尺下南河
廳祥符上汛十九堡蓋壩下首順河土堰前抛
簽甎壩四道長自四丈四尺至七丈新挑壩上
首土壩基並新挑壩頭土壩基各加抛甎壩一
道長十丈及十二丈儀睢廳睢州上汛二堡順
水二壩三埽前抛簽甎壩一道長六丈六尺三
堡抛簽甎壩一道長五丈迎水壩頭抛簽甎壩
一道長三丈五尺七堡挑水二壩上首甎蓋壩
接長三丈二尺十堡舊土壩前甎壩上首抛簽
甎垛一道長一丈七尺舊土壩前並托壩前各
抛甎壩一道長七丈二尺及八丈五尺商虞廳
虞城上汛十五堡順水頭壩下首抛簽甎壩一
道長六丈四尺十六堡迤上順水二壩下首抛
簽甎壩一道長六丈北岸黄沁廳唐郭汛攔黄
堰官工尾二三兩道挑甎壩頭各接長一丈原
武汛十六堡人字壩外添抛四五兩道甎護壩
各長七丈托壩頭接抛甎壩一道長四丈衛糧

廳陽武汛三堡迎水壩南首加抛第一道輭壩
又李莊土格上首第一道土壩前小輭壩頭接
長五丈八尺二寸並連舊壩一律加抛高厚祥
河廳祥符上汛三堡土壩頭接抛輭壩一道長
十丈該壩上下首灘厓抛護輭壩十一道長自
一丈三尺至六丈五尺五堡七堡九堡隄根各
抛輭格一道長自二十丈至五十丈東省北岸
糧河廳單上汛十三四堡灘厓抛護輭壩各一
道長四丈及十丈以上各工覈計用輭自二十
餘方至二千五百八十餘方不等均經該管之
開歸河北兗沂三道督飭各廳營分別抛辦抵
禦河溜保護灘厓俱屬得力理合附片陳明謹
奏

知道了

再本年河水異漲兩岸𡑞埽各工迎溜頂冲段
落勢卻不已情形吃緊者擇要拋護碎石或已
拋未足應行加拋或本未拋石必須蓋護經臣
與各道隨時督飭拋辦深資抵禦兹勘得豫省
南岸上南河廳鄭州上汛頭堡核桃園新頭壩
上首𡑞土壩外並舊有碎石之新頭壩頭埽中
河廳中牟下汛五堡挑水二壩𡑞壩外挑水三
壩𡑞壩外六堡大土壩前𡑞壩外並順河土堰
第五道𡑞壩外下南河廳祥符上汛十七堡月
堰北面土壩基前舊有碎石之第三四道𡑞挑
壩外十九堡蓋壩新四埽前舊有碎石之𡑞壩
外蘭儀廳蘭陽汛九堡西戧壩四埽儀睢廳睢
州上汛二堡順水二壩三埽前𡑞工外五堡尾
戧二壩舊有碎石之二埽六堡戧壩二埽及三
埽七堡挑水二壩上首𡑞蓋壩外十堡舊土壩
及托壩各𡑞壩外北岸黄沁廳唐郭汛攔黄堰
官工尾舊有碎石之挑𡑞壩外並𡑞工案内接
長之二三兩道挑𡑞壩頭及西面原武汛十六

堡人字壩前舊有碎石之第三道軟護壩外並新抛之四五兩道軟護壩及托壩頭軟壩十七堡替壩下首頭道軟護壩各壩頭及西面衛糧廳陽武汛舊有碎石之頭堡下段中間軟壩下首並二堡上段上首軟壩二堡南灘唇小廟基前軟壩各西面加抛及偎護壩頭三堡越隄尾軟挑壩西面第一道軟護壩並舊有碎石之迎水壩南首第二道軟壩又李莊土格上首本年接長之第一道土壩前小軟壩第二道土壩前小軟壩各壩頭及西面祥河廳祥符上汛十五堡舊有碎石之魚鱗壩二三兩埽中間下北河廳蘭陽汛銅瓦廂下壩舊有碎石之頭埽十四堡舊有碎石之挑壩頭埽東省北岸曹河廳曹縣下汛六堡碧霞宮前十三埽糧河廳單上汛十四堡灘厓軟壩頭及西面以上埽壩各段用石自三十方至一千七百三十餘方不等抛辦均屬合宜蓋護俱極穩固業已逐一量明丈尺另容彙繕清單恭呈

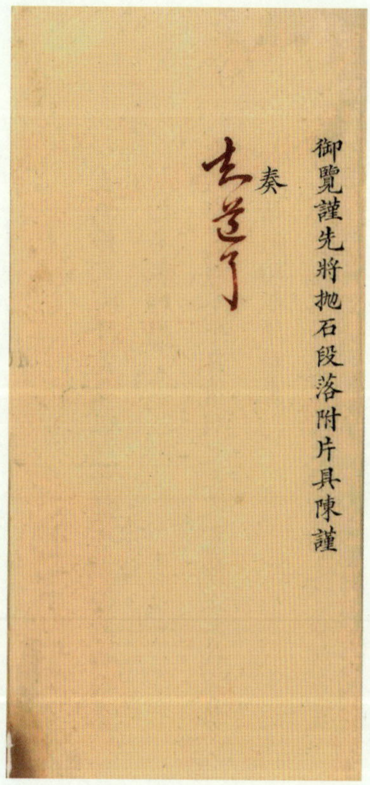
御覽謹先將拋石段落附片具陳謹
奏
知道了

八三八

奏

奏為節交霜降黃運河湖普慶安瀾循例由驛恭

署理兩江總督臣陳鑾
江南河道總督臣麟慶跪

摺具報仰慰
聖懷事竊照本年自清明起至寒露節止工程水勢
情形均經隨時奏
聞在案查黃河入夏以後來源疊漲統計甘肅寧夏
府長水二次河南陝州萬錦灘長水十二次武
陟沁河長水二十二次鞏縣洛河長水二次共
三十八次長水九丈四尺一寸當伏秋汛內同
時並漲既勤且驟實為多年所罕覯兼之陰雨
連綿坡水匯注外南廳順黃壩誌椿積存至四
丈三尺三寸普律漫灘河流奔騰浩瀚奇險疊

生臣陳鑾於督催重運時先經札飭道將並添
派地方員弁加意巡防臣麟慶親督籌畫遇有
險要檄調叅遊會同該管道督率廳營竭力搶
護始得化險爲平現交霜降外南廳順黄壩誌
樁存水三丈九尺九寸比盛漲時已落三尺餘
寸溜勢漸綿臣等仍諄飭各屬照常防守不任
鬆懈至洪澤湖水長發較早未交伏汛存水已
大臣陳鑾臣麟慶先後赴工周歷察看諄飭該
管廳營加意慎防並將智信二壩義禮二河次
第宣洩方冀遞消詎入秋後霪雨連旬來源過
旺迨七月二十八九等日每日報長六寸高堰
誌樁積存至二丈零九寸比上五年盛漲均大
石工出水無幾臣麟慶復往履看湖波萬頃一
望汪洋微風鼓盪浪即上隄適值八月初三四
五等日連起西風大暴排浪如山潑過堰頂高
堰山盱二廳掣卸石工二千三百餘丈山盱高
澗壩竟至掣通幸有越隄攔禦裏河濟運壩一
帶碎石掣卸塌動大隄運口各閘壩勢將平漫

該處為運道咽喉關係最重而勢甚危急親督
搶辦心膽俱寒彼時宣洩湖水之處僅餘林家
西一壩地勢建瓴未敢輕啟旋因湖水積長不
消不得已始行啟放臣陳鑾在省聞信立即派
員馳赴工次協同防守所幸八月初六日以後
仰叨
聖主洪福
神祇默佑西風不作人力易施且蒙
恩添撥錢糧得資應手保護無虞現在湖漲已落三
尺八寸高堰誌樁存水一丈七尺一寸業將林
家西壩堵閉以節湖瀦其下游高寶湖河前因
洪湖減水下注日見增長雖先將歸江各壩河
全啟而江潮旺盛頂托不消揚河西隄被風撞
擊殘缺湖河通連東岸一線單隄處處著重高
郵河水於六月間即符應啟四壩定制因壩下
民田早稻未收緩至七月杪水又加長二尺祗
得依次全啟揚糧廳境地處下游工亦甚險昭
關壩勢將不能再守嗣幸江水落低得免啟放

臣陳鑾自省赴浦查看歸江各路極為暢順行
至昭關壩親履隄埽壩下商民安居樂業感戴
皇仁同聲歡頌隨即溯流而上看得高郵四壩宣洩
均暢水已見消壩下早中兩稻全行收穫據該
州稟報秋成約收六分有餘揚河東岸縴道業
已修整空運經臨足資縴挽至邳宿運河當伏
秋時上游山水疊漲異常猛迅各閘壩啟閉頻
仍情形屢變嗣因源弱水消即飭預籌收蓄茲
回空軍船入境暢行無阻一俟積有成數即可
灌放頭塘堪以上紓
宸廑臣等現將來歲修守事宜籌商妥備以期年年
工固瀾安仰副我
皇上垂念河防永保平成至意所有節交霜降普慶
安瀾緣由謹合詞恭摺循例由驛馳
奏至在事文武員弁奮勉趨公原屬分所應盡惟
本年河湖水勢極大工程異常危險各該員弁
巡防搶護實皆著有微勞可否擇其尤為出力
者量加鼓勵之處出自

恩施臣等未敢擅便伏乞

皇上聖鑒訓示祗遵謹

奏

覽奏欣感之至另有旨

道光十九年九月　十八　日

臣陳鑾
臣麟慶跪

奏再查洪澤湖高家堰有
關帝廟一所建自前明我
朝乾隆六十年重修
勅易黄琉璃瓦靈應丕著本年伏前湖水較旺臣陳鑾
往閲堰工親詣祈禱比交秋汛接連盛漲竟有
每日報長六寸之時臣麟慶馳往巡防湖波浩
瀚幾及堰頂八月初三四五等日西風尤烈倍
形危險人情惶駭隨復詣高堰
關帝廟虔叩默禱風轉東北趕緊搶護幸易為力
且匝月以來西風不作漲水漸退藉保安恬淮
揚兩郡官民驚定增欣同聲感頌
皇仁獲邀
神庥竟得化險為平查該廟曾於乾隆年間奉到
聖書金隄鎮佑扁額嘉慶年間又奉到
聖書濯靈順軌扁額今兹
神靈之賜佑皆由
聖德之感孚合無仰懇

天恩頒發
御書扁額恭摹懸挂以肅觀瞻而酬
神貺謹開呈扁額尺寸合詞附片具陳伏乞
皇上聖鑒謹
奏
另有旨

八三九

奏

河東河道總督臣栗毓美跪

奏為節交霜降豫東兩省黃河各工一律修防平

穩普慶安瀾恭摺馳

奏仰慰

聖懷事竊照伏秋汛內河水長落修護各工情形節

經臣隨時具

奏在案查本年大河來源除甘肅寧夏府硤口漲

水二次共九尺六寸在萬錦灘上游無庸覈算

外其陝州萬錦灘長水十二次武陟縣沁河長

水二十一次鞏縣洛河長水二次統共長水三

十五次計八丈三尺九寸非連日接長即同日

並漲下注各廳積長至二丈以外兩灘普漫直

抵隄根溯查歷年水報異漲惟嘉慶二十四年
為最大而本年漲水尤大逾二尺餘寸實為數
十年所未有兼以上游土山冲塌挾沙多而流
行滯汪洋浩瀚一望無涯且停積數日不消隄
堰高出水面有僅止二三尺者險要情形官民
無不慄慄危懼臣與各道督飭廳營汛委各員
並在工候補知府徐經及差委學習之戶部員
外郎汪喜孫工部主事徐啟山分投巡防上下
策應不敢稍遺餘力所幸兩岸隄堰連歲已大
加增培而本年土工除歲前請辦外復將來年
應辦土工先經
奏明借款復由道庫墊項預為籌辦均於汛前趕
完得資捍衛不致有嘉慶二十四年漫溢之虞
而歲防稭石並防險銀兩復經奏荷
天恩節次撥發撫臣藩司皆能協力同心通融接濟
得以儲備事先辦理應手所有兩岸埽段停修
朽腐之工迎溜刷塌隨時補還其蟄鑲不停者
護以碎石無不各臻平穩至於久經淤閉之舊

險及向無埽工處所察其形勢緊要即多購輙
塊或遠包灘厓或近靠埽根抛築輙壩輙埰放
足坦坡加蓋碎石雖水長溜猛勢若排山實能
挺峙屹立抵溜外移查北岸為運道所關黄沁
廳攔黄民堰自改為官工以來鑲埽引溜上提
下坐逐年遞增已至一千餘丈用銀至九十餘
萬之多連年抛築輙壩埽前壩檔全行淤墊河
溜已歸故道直走中泓其黄沁衛糧兩廳原陽
支河距隄在一二里及七八里之遠隄前串溝
隱患久經淤為平陸而進水溝口又見掛淤捫
閉雖上年淤後復通現在情形尚未可恃而河
厓灘面淤高可期不致出險祥河廳祥符上汛
三堡至十三堡春間河勢塌進水串隄根自抛
築輙壩輙格層層挑護十餘里串溝之險立見
淤平此外南岸下南廳為省城保障祥符上汛
黑堽蓋壩各輙工雖經大溜湧注深資抵禦其
下汛隄前串溝俱為壩格跨壓得以截水澄淤
中河廳中牟下汛六七堡河勢下卸隄土純沙

儀睢廳睢上汛頭二堡埽段林立險要甲於通
工均用甎石抛護挑溜開行以及下北曹河糧
河上南商虞等廳凡著名鉅險抛護甎石皆足
以節費固工從無塌隄潰壩搶辦新埽之處臣
試辦甎工上年經歷大水已有成效本年異漲
尤大於往年甎壩在在堅穩更屬確有把握即
秋水歸圍搜淘力勁而護以甎石無不化險為
平現在漲水消落兩岸涸復農田沙灘盡成沃
壤濱河父老莫不涵濡
帝澤感沐
皇仁覈計所用錢糧較之近年亦均有節減兹節交
霜降仰叨
皇上福庇全河普慶安瀾臣幸蒙
聖德
神庥恭詣蘭陽惠安觀敬謹祀謝通工官弁兵民
無不同聲忭頌臣欣感之餘倍增懍惕至霜後
應辦事宜除土工已經估報外餘容次第覈
奏查大河長水現雖暢消仍飭各道率同廳營胝

舊防守交冬方准下隄臣因漕船回空跟接南
下亟須趕回督催並籌辦運河冬挑拜摺後即
日回濟所有豫東黃河霜降安瀾謹會同河南
撫臣牛鑑護理山東撫臣楊慶琛恭摺循例由
驛馳
奏伏乞
皇上聖鑒再本年在事各員除循分供職外其實在
奮勉出力始終不懈及熟悉機要先事預籌並
能節省錢糧者臣隨時存記並據各道稟保前
來可否量加鼓勵之處伏候
聖訓祗遵謹
奏

覽奏欣感另有旨

道光十九年九月　十八　日

八四〇

奏

河東河道總督臣栗毓美跪

奏為豫省黃河上游七廳隄工實因灘面淤高過
形卑矮必應趕緊加高以資來歲修守仍請借
墊銀款預為興辦以歸撙節而保安恬恭摺

奏祈

聖鑒事竊照本年黃河異漲由上游衝塌土山泥沙
隨流下注以致灘面積淤過高蘭儀祥河以上
兩岸七廳隄根停積尤厚察看出水卑矮難資
捍衛亟應估辦增培而庚子年例辦銀兩業經
提前預辦全完未便於例外專案請銀用項增
鉅又恐分年帶辦緩不濟急因於八月內請提
借常年例辦土工銀十八萬兩分作三年帶銷

奏奉
諭旨交部議奏在案兹准部咨以帶銷名目一開以
後遞年提借必致借款日增帶銷之期日遠比
較單内徒博節省之名歲報册中虚懸未銷之
案款項不清工難查驗所請礙難准行奏蒙
俞允咨行到臣伏查修築隄壩工程皆有丈尺可以
查驗實係無可弊混部臣所駁係為按年報銷
起見所請分年帶銷之處自應遵照停止惟土
工為修防根本臣親見嘉慶二十四年異漲之
水所在漫隄馬營儀封先後奪溜釀成大工皆
由隄工卑薄所致自二十五年至道光二年豫
省連年請辦土工銀九十餘萬兩七十餘萬兩
五十餘萬兩不等三年以後仍每年請銀二十
餘萬兩隄工始有起色迨後埽工日增土工日
減隄堰不復可恃修守將何所依臣於道光十
七年籌議辦甎減埽請以減辦埽工之銀為添
辦土工之用曾與
欽差尚書臣敬徵條列咨商誠欲隄工增培高厚異

漲永不為患始可為河工經久不敝之基緣黃
河形勢河槽寬三四百丈至江南徐州寬僅八
十丈水勢至此為之一束道光元年前南河河
臣黎世序奏請展寬四十丈共寬一百二十丈
而在豫東兩岸灘面寬濶除黃沁廳馬營挑水
壩距廣武山根灘寬五百八十丈蘭儀廳蔡家

樓距曹考廳磨盤壩灘寬四百六十丈此外上
下各廳灘寬一千數百丈至六七千丈不等每
逢盛漲出槽普漫水深數尺至一丈餘尺汪洋
浩瀚形同巨湖全賴隄工為之保障而隄能障
水尤莫急於加高也臣十五年到任後深知隄
身卑薄壩工久廢是以他務未遑趕緊加高隄

堰因錢糧有限於子堰之上先加築小子堰連
年擇要幫培隄前多築壩格並修復遠年舊大
土壩堵截串溝務期河流軌順瀾安仍恐趕辦
不及上年冬月於例請土工之外奏借銀十萬
兩本年春月查工因見河水長發較早來源甚
旺又由道庫墊發銀十萬餘兩將庚子年土工

預辦完竣各廳隄堰皆收高水痕一丈二尺迨
立秋前後經歷異漲水勢積長不消較嘉慶二
十四年尚大逾二尺而河灘淤墊情形亦復相
仿除下游八廳受淤無多隄高尚堪抵禦暫緩
估加外惟北岸黄沁衛糧祥河南岸上南中河
下南蘭儀七廳地居上游水大淤高出於意外
實非人力所能防護其隄堰原高上年水痕一
丈二尺者僅高本年水痕二三尺至五六尺向
非提前趕辦已不免漫溢為災是預辦庚子年
之工已亥年先收實效而來年汛漲大小無定
必應先事預防現在隄高出水僅止數尺即秋
間搶加子堰頂寬亦僅止一尺斷不足以資防
守臣受
恩深重責在修防萬不敢遷就因循惜小費而貽大
患所有原估黄沁衛糧祥河上南中河下南蘭
儀七廳增培土工銀十八萬兩仍應趕為興辦
勒限明年桃汛前完工報驗並責成該管道駐
工督辦以免工員率延查預辦庚子年例辦土

工借墊銀兩業蒙
聖恩俯照另撥銀還款此次上游七廳土工係在
庚子年例辦之外
國家經費有常既不敢例外請增又不敢復以分
年帶銷為請因思連年增培土工限於錢糧節
經奏荷
天恩准借銀款提前預辦如道光十七年提借土工
銀七萬兩十八年預借土工銀十萬兩均於十
八十九兩年估辦另案撥款內提還司庫今上
游七廳土工事同一律合無仰懇
皇上逾格垂慈俯念工關緊要准於豫省藩庫提借
土工銀十二萬兩撥發開歸河北兩道給廳具
領刻速興辦其不敷銀六萬兩即由道庫籌墊
統俟來年霜後估辦辛丑年土工案內分別陳
請撥還庚年清年款於錢糧並未增添於款目
毫無轇轕於要工得資備防恭候
命下臣即咨會撫臣行司籌撥以便及時興工並可
藉以防守凌汛再查從前兩岸大隄頂寬均在

四丈上下現估工段僅收頂寬一丈五尺及二丈不等此後按年幫寬約計提前預辦土工總須二三年後方可一律高寬臣履任五載力求減埽節費現今埽工實已大減土工即可竭力增培庶隄防鞏固永慶平成以仰副

聖主慎重河防保衛民生之至意所有豫省上游七廳必應加高隄工並請借墊銀款趕為預辦各緣由謹瀝情恭摺具

奏伏乞

皇上聖鑒訓示謹

奏

另有旨

道光十九年十月十七日

八四一

奏

河東河道總督臣栗毓美跪

奏為豫東黃河各廳循案扣除本年用存稭垛添
購來年防料内六成銀兩照舊辦石四成辦稭
銀兩應請改辦甎塊以資儲備而歸節省恭摺
奏祈
聖鑒事竊照黃河兩岸豫省十三廳向於額辦歲料
外預請添辦備防稭二千垛東省曹河糧河二
廳添辦備防稭五百垛均於霜降前請銀發辦
道光十一年因需查明各廳用存稭垛抵作來
年防料即於請添防料銀兩照數扣還司庫以
歸覈實改為霜後具奏並經前河臣吳邦慶於
道光十二年

奏准酌改章程請將此項銀兩四成辦稭六成辦
石各在案茲屆發辦之期自應援案請辦惟查
此案六成辦石原為固工減料起見必當照舊
遵行其四成辦稭仍沿嘉慶年間添辦防料之
意未能全行裁減蓋向來各工鑲埽引溜刷深
上提下坐埽工日見其多用料不勝其費額辦
歲料不敷必需大汛購料而工險用迫料户居
奇購辦不能應手始於年前復有預辦防料之
請前河臣吴邦慶在任之時新工正在增添四
成辦稭方嫌其少何敢遽行全減臣自道光十
五年到任後先因原陽支河分溜試用甎塊拋
壩護隄竟收挑溜澄淤化險為平之效嗣於水
深溜急之攔黄堰黑堽工仿照辦理皆著成效
連年中河儀睢商虞祥河曹河等廳凡著名險
工一經築壩拋甎蓋以碎石無不抵溜遠移上
托下蓋深資得力自道光十六年至今疊經汛
水異漲從無生有新工需用稭料者惟淤閉舊
埽迎溜刷塌購料補鑲尚在不少而近年民間

習見各工防險有石有甎不復專恃稭料隨時
購運無不源源而來並無抬價缺用等弊所有
備防稭料現在實可無須預辦且料垛堆貯日
久既有腐朽之虞排列過多又有風火之患亦
不若甎石兩項積存均無流弊除碎石一項既
有預提例撥防險銀款早購於霜前復有此項
六成銀兩添購於霜後毋庸再為置議外其甎
塊一項連年皆於春伏秋三汛防險銀內動支
辦理雖就近購運尚堪應用而辦理不早存貯
無多究屬難資儲備應請以辦稭之四成銀兩
改辦甎塊按工程之平險分積貯之多寡有此
預辦之甎大汛添辦更易為力不獨例辦之添
料可以從省而甎工愈多埽工日少即大汛購
料亦可漸歸節省矣臣為固工省料計莫善於
此如蒙
聖明俯允各廳用存稭垛臣已於霜前周歷點明旋
據開歸河北兩道稟稱兩岸十三廳應添備防
稭二千垛現有本年用賸稭四百一十五垛值

銀二萬九千五十兩兗沂道稟稱曹河糧河二廳應添備防稭五百垛現有本年用賸稭一百垛值銀七千兩應遵奏定章程扣除減辦即於現請添辦防料項下將減辦銀兩劃還司庫以歸撙節計豫省十三廳實應請四成改稭辦款銀四萬四千三百八十兩六成改稭辦石銀六萬六千五百七十兩東省二廳實應請四成改稭辦款銀一萬一千二百兩六成改稭辦石銀一萬六千八百兩合無仰懇

天恩俯准照數發辦恭候

命下即分咨豫東兩撫臣各於司庫籌款撥發存貯道庫分別給領勒限伏汛以前一律堆齊報候

親驗不准擅行動用倘有辦理遲延短少及不候量驗率行報抛者定即指名嚴參斷不稍有寬貸所有循照舊案扣除存料請添防料並以六成辦石四成改稭辦款各緣由謹會同河南撫臣牛鑑山東撫臣托渾布恭摺具

奏伏乞

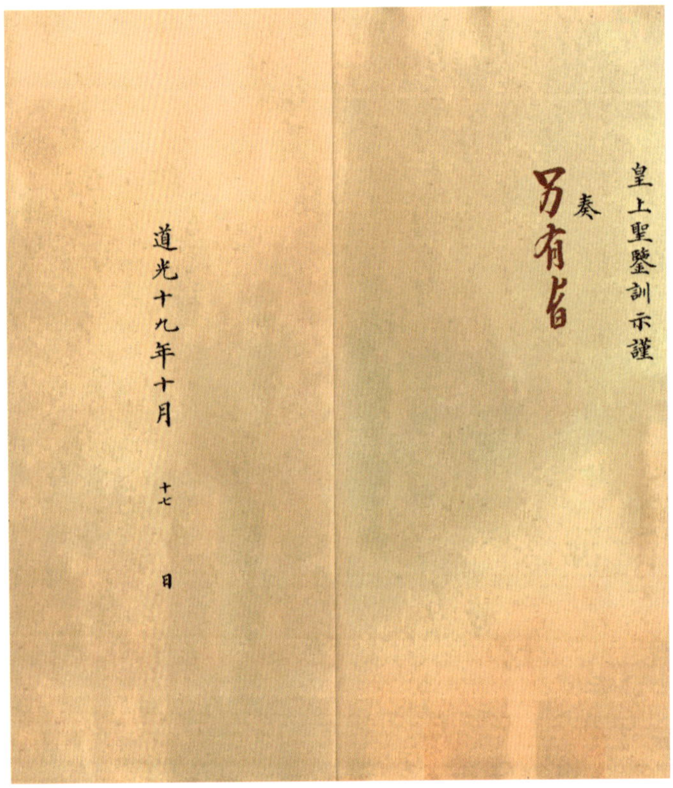

皇上聖鑒訓示謹

奏

另有旨

道光十九年十月十七日

八四二

奏

河東河道總督臣栗毓美跪

奏爲確覈豫省黄河南北兩岸各廳道光十九年

另案搶辦秸埽工程動撥司庫銀款總數循例

恭摺具

奏仰祈

聖鑒事竊照豫省黄河兩岸每當伏秋大汛遇有搶

辦工程向於司庫動撥銀款應用前於嘉慶十

年及二十一年節經各河臣撫臣議請每年先

於地丁項下提出銀三十萬兩以備搶險之需

俟將次用完體察情形豫爲籌計應需添撥若

干會覈具

奏一面行司提取備用各等因先後奏奉

諭旨允准欽遵其道庫所墊不敷銀兩係霜後奏撥還
款歷經遵循在案本年大河各路來源共長三
十五次之勤湊有八丈三尺九寸之大非同日
並漲即連日接長各廳水誌積長不消較嘉慶
二十四年異漲尚大逾二尺餘寸出槽之水普
漫兩灘直抵隄根深至八九尺及一丈急溜奔
騰更形浩瀚兩岸各工在在險要迨白露以後
來源雖未大長而秋水歸圈溜力較勁埽壩仍
形喫重所賴上年奏蒙
聖恩預提防險銀兩購貯碎石本年購料之外隨時
購辦軋塊先後加抛添築壩工挑溜外移上托
下益得免出險生工其例撥銀三十萬兩除辦
石銀十萬兩外餘於春伏二汛先經支發全完
復於七月內
奏准添撥銀二十五萬兩所有南北兩岸各廳另
案搶辦軋埽工程臣逐案確覈減准另摺奏送
清單計豫省兩岸十二廳實用銀九十七萬七
千七十七兩三錢三分五釐內除動用丙申年

原陽支河備防麻值銀一千七百二十八兩丁
酉年存工䕸值銀二萬六千七百五十五兩二
錢九分戊戌年存工稭料值銀二萬八千兩計
撥用添辦四成稭料銀四萬四千八百兩歲麻
加價銀四萬九千六百八十兩又例撥添撥防
險銀除上年奏准預提撥發辦石銀十萬兩另
歸石工案内造報外實歸埽工用銀四十五萬
兩共撥過司庫銀五十四萬四千四百八十兩
現除兩岸各廳用存稭料值銀二萬九千五十
兩用存䕸塊值銀一萬五百四十六兩五錢有
料䕸貯工外應找撥不敷銀四十一萬五千七
百一十兩五錢四分五釐以符奏案而清庫款
查本年䕸埽工用數較十八年少銀五萬一千
三百六十餘兩較十七年少銀十四萬二千六
百三十餘兩較十六年少銀十六萬二千二百
二十餘兩是以動撥司庫銀數亦較上三年均
有節減謹循例會同河南撫臣牛鑑恭摺具
奏伏乞

皇上聖鑒再查另案不敷銀兩係大汛搶工於道庫

雜款內隨時墊發湊用歷年彙奏清單後即於

司庫找撥還款仍循例存貯道庫以便墊發來

年工用合併陳明謹

奏

工部知道

道光十九年十月 二十二 日

八四三

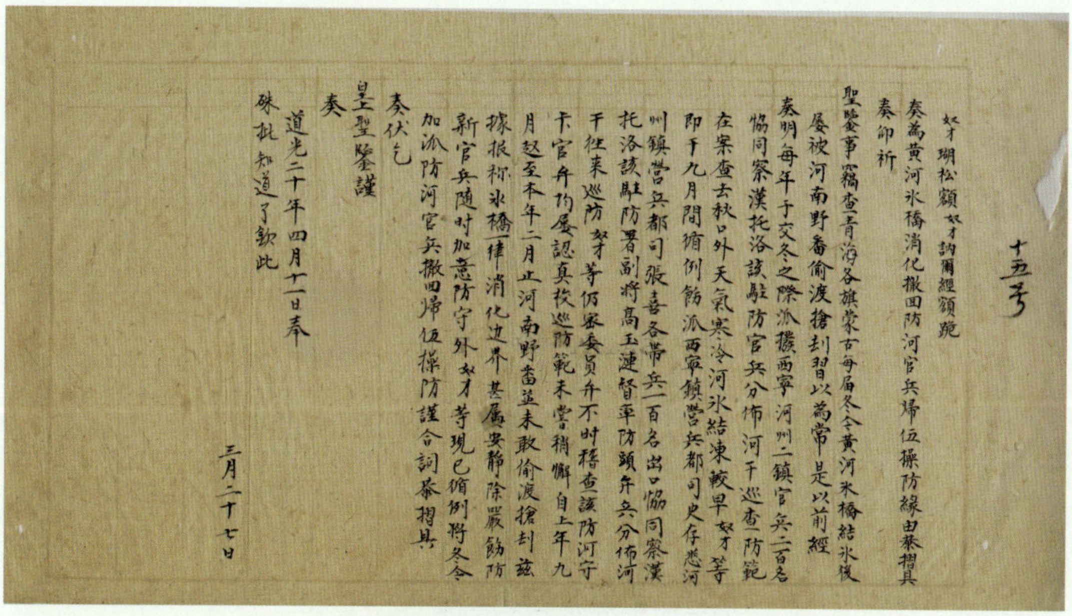

十五号

奴才瑚松額 奴才訥爾經額跪

奏爲黄河氷橋消化撤回防河官兵歸伍操防緣由恭摺具

奏仰祈

聖鑒事竊查青海各旗蒙古每届冬令黄河氷橋結氷後屡被河南野番偷渡搶刦習以爲常是以前經

奏明每年于交冬之際派撥西寧河州二鎮官兵二百名協同察漢托洛該駐防官兵分佈河干巡查防範在案查去秋口外天氣寒冷河氷結凍較早奴才等即于九月間循例飭派西寧鎮營兵都司史存悉河州鎮營兵都司張喜各帶兵一百名出口協同察漢托洛該駐防署副將高玉漣督率防頭弁兵分佈河干往來巡防奴才等仍密委員弁不時稽查該防河守卡官弁均屡認真校巡防範未嘗稍懈自上年九月起至本年二月止河南野番並未敢偷渡搶刦茲據报稱氷橋一律消化边界甚屬安静除嚴飭防新官兵隨时加意防守外奴才等現已循例將冬令加派防河官兵撤回歸伍操防謹合詞恭摺具

奏伏乞

皇上聖鑒謹

奏

道光二十年四月十一日奉

硃批知道了欽此

三月二十七日

臣文沖跪
奏為黃河水勢異漲迭出險工下南廳祥符上汛三十一堡
隄頂過水漫塌幸未掣溜現在督飭設法籌堵恭摺馳
奏仰祈
聖鑒事竊照入伏前後天時酷熱日久臣料黃河來源必旺節
經嚴飭加意慎防並因南岸工程較多自濟來豫即於曹
河渡河溯查而上遞次疊據呈報甘肅寧夏府黃河於六
月初八至十一日漲水八尺一寸已入硤口誌樁八字一
刻跡河南陝州萬錦灘黃河於六月初五初六初九等日
並十一日子辰午三時及十四日子刻七次共長水二丈
一尺六寸武涉沁河於六月初五六七日三次共長水四

尺三寸異常勁駐而十一日七時之間萬錦灘報長九尺
六寸之多下注尤為猛驟歷查伏汛漲水從未有如此之
盛貌水色渾濁前漲未消後漲踵至以致各廳水誌一日
之間報長六七八尺積存至二丈二尺較之上年盛漲大
逾二三尺不等兩岸普律漫灘一望無際隄根水深八九
尺及一丈二三尺加以狂風驟雨各廳紛紛報險不獨臨
黄埽壩蟄塌補鑲搶拋磚石晝夜不遑而無工之處灘水
與隄堰相平者不一而足在在堪虞先經通飭搶加子堰
防禦臣因下南廳黑堽工緊要而下四廳險工林立當飭
開歸道步際桐趕赴下游督飭修守臣即馳赴黑堽搶辦
蓋埧工程並飭該廳營輪流往來查看灘水無奈大河之
水於十六日卯時又復陡長灘水加增長隄搶加子堰不
及人力難施據報祥符上汛三十一堡無工處所灘水漫
過隄頂臣聞信之下不勝驚駭戰慄一面知會撫臣一面
星即馳抵該處察看情形因土性純沙業已漫塌二十餘
丈查係灘水匯注並非正河尚有一千餘丈並未掣動大
溜臣現在督飭道廳營汛委員趕集料物設法籌堵晝夜
搶辦不遺餘力惟冀長水速消能早日蔵工以期上紓
宸廑至此次灘水漫隄開歸道遠在下游臣先於防範惟有仰
求
皇上先將臣交部從嚴議處並請將下南同知高步月署協辦
守備許鑛先行摘去頂戴帶罪搶辦其道廳應得處分另

容查例核

奏再北岸文報因不能渡河業已數日不通情形若何當再

查明續奏所有河水異漲祥符上汛三十一堡隄頂漫塌

現在竭力搶堵緣由理合由驛馳

奏伏乞

皇上聖鑒再接得撫臣牛鑑行至中途因漫水漾至即回省城

防護不及來工是以未曾會銜合併聲明謹

奏

六月廿一日

八四五

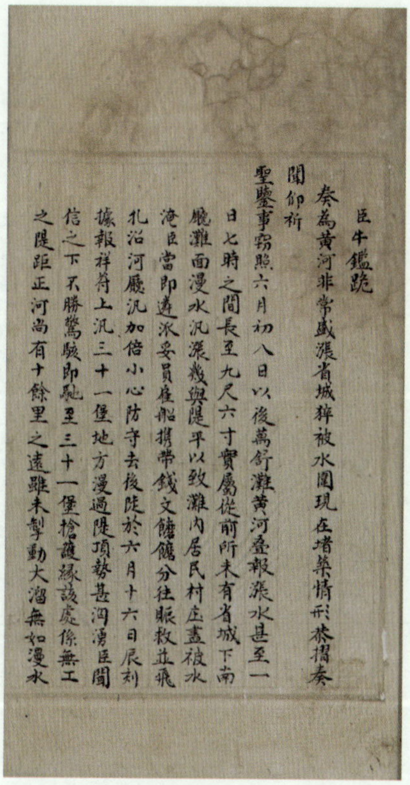
臣牛鑑跪
奏爲黄河非常盛漲省城猝被水圍現在堵築情形恭摺奏
聞仰祈
聖鑒事竊照六月初八日以後萬錦灘黄河疊報漲水甚至一
日七時之間長至九尺六寸實屬從前所未有省城下南
廳灘面漫水汎漲幾與隄平以致灘内居民村庄盡被水
淹臣當即遴派妥員雇船攜帶錢文饃饃分往賑救並飛
札沿河廳汛加倍小心防守去後陡於六月十六日辰刻
據報祥符上汛三十一堡地方漫過隄頂勢甚洶湧臣聞
信之下不勝驚駭即馳至三十一堡搶護緣該處係無工
之隄距正河尚有十餘里之遠雖未掣動大溜無如漫水

太大溢過隄頂致有疎失肆將開歸道步際桐在下游防
守臣暫住祥符六堡一面飛調該道並蘭儀汛都司邱廣
玉來工一面札委候補府鄒鳴鶴徐經盐捕同知朱煒購
備物料趕緊搶築正在措置間於十八日據署藩司兩次
覔人鳧水稟報省城於十七日辰刻被水所圍勢甚危險
又於是日酉刻據報水已見消等因臣查省城為數百萬
生靈聚集且係倉庫錢糧重地以後伏秋兩汛為日甚長
尤關緊要何容稍有疎虞臣於拜摺後當即乘坐小船繞
道晋省設法防範厚集兵民廣備物料以資守護並相度
情形疏通去路設有續漲亦可無虞惟臣職兼河務不能
先事預防應請

旨將臣先行交部議處所有省城猝被水圍情形理合恭摺由
驛奏
聞再河臣文沖駐工黑堽距省止二十餘里而一片汪洋聲息
不通未及會銜合併聲明伏祈
皇上聖鑒謹
奏

六月廿二日

八四六

奏

江南河道總督臣麟慶跪

奏為立秋前後黄河異漲險工疊生分投搶護茲

近處暑漲水陡消各工平穩恭摺仰祈

聖鑒事竊照本年黄河水勢伏前增長次數較勤當

飭各委員加謹巡防添料易錢分工存貯並派

在工學習之翰林院編修劉湧兵部員外郎陳

景淳戶部主事金安瀾分往徐揚海三屬巡查

以期周密逮交中伏大雨滂沛三晝夜積陰蒸

濕水勢日增又據上游馳報沁黄疊漲而陝州

萬錦灘徑報一日陡長九尺六寸為從來所未

有臣恐各員弁驟遇非常異漲或致倉皇失措

隨飭道將督率該管廳營汛委分段駐防並諭

務須協力同心守望相助復派署淮徐遊擊盧
永盛署淮揚遊擊陳三貴馳赴上下游會督防
守比交立秋大致甫定因恐厪
聖懷當將伏汛安瀾恭摺
奏報在案臣方冀漲水漸消詎甘肅寧夏府又報
六月十四日黄河長水三尺一寸連前共長一
丈一尺二寸已入硤口誌樁十一字二刻跡河
南陝州萬錦灘又報六月十八及二十二日長
水五尺八寸以致江境各廳仍復接長外南廳
順黄壩誌樁積存至四丈四尺四寸亦為從來
所未有上下千餘里普律漫灘河流倍形浩瀚
溜勢異常湍激旋據徐州道毓衡稟報宿北廳
皂河汛夫二十四堡舊埽迤下桃汛時河勢裹
卧即經搶辦茲緣水長溜益圈注又該汛夏家
莊迤下無工處所大溜北趨塌灘潰堤該二處
逼近運河及宿遷縣城情形緊要馳赴該工親
督搶護計夫二十四堡舊埽迤下先後共築土
壩五道用料盤頭接下兵二十二堡搶做柴壩

九道各壩外均拋碎石並於夏家莊迤下搶廂新埽一百二十餘丈又古城汛林家房舊壩下首添築土壩五道拋石偎護嗣據淮徐遊擊盧永盛稟邳北報險馳往察看該廳屬臨黄各工因水大溜激紛紛蟄塌當同廳營分投跟廂適接對岸睢南廳函稱王家堂汛石碑工迤下壩檔淤閉護埽被溜掣塌邀往搶辦該遊擊因邳北工程緊要不克分身隨派千總杜士貴帶兵冒險渡河隨同睢南廳營搶廂新埽九十餘丈幸保無虞又據護淮揚道沈鵬稟桃南廳龍窩汛尹家莊無工處所溜湧塌灘趕廂新埽六十餘丈適京員陳景淳行抵該工即會同連夜在堤上搶護三更後遙望隔河火光燭天人聲騰沸驚疑差探知桃北廳水漫頂堤時當昏夜危在呼吸該廳營運料搶廂趕加子堰就近農民聞險上堤幫同力作達旦始定隨據淮海道趙廷熙稟桃北黄家嘴汛高家房迤下向本無工溜忽臥注搶廂新埽八十餘丈又海安廳海北

汛孟家社迤下舊工復出朽埽滙淨亦即趕緊
補廂此外上自豐蕭下至安阜兩岸各廳迎溜
埽段頻蟄頻廂無工處所大堤脱坡窨潮滲漏
屢見經道將督飭廳營或趕加子堰或幫築裹
戗或廂作防風護埽無如水勢積長不消堤工
則隨加隨長埽工則隨廂隨漫幸料物充足各
員弁均奮不顧身鼓勵兵夫悉力抵禦恰值漲
水陡落各工始臻穩定至洪澤湖高堰誌樁現
存水一丈八尺三寸間遇風暴均不甚大石工
掣卸無多已飭隨時修補其下游揚河揚糧境
内流行暢順惟秋汛正長西風司令臣不敢因
漲水已消稍弛寅畏仍當策勵所屬加意修防
以期仰副
聖主平成水土至意所有黄水異漲險工搶護平穩
緣由理合恭摺具
奏伏乞
皇上聖鑒謹
奏

知道了

道光二十一年七月初四日

臣麟慶跪

奏再臣正在繕摺間接據徐州道稟報探聞河南
祥符汛南岸有漫溢之事臣昨見河水陡落本
切驚疑當遣弁張成功等赴上游查探順黄壩
連日又落水八尺有餘溜行平緩恐漫口已成
曷勝焦急溯查嘉慶年間睢工儀工漫水均由
該省歸陳所屬及安徽鳳頴一帶滙注洪澤湖
今年湖水本旺若再添全黄灌入勢難容納高
堰山旴一線單堤為淮揚二郡保障且此後西
風司令勢尤喫重必須備棨折展東清禦黄二
壩啓放順清河吳城七堡等處瀉水入河並添
啓山旴各壩由揚河揚糧歸海歸江各路分途
宣洩事務極繁防守倍要一切機宜均須隨時
酌辦現在湖水報長臣即諭道將趕將東清西
壩折展俟湖水再增劉堤先放外南廳屬順清
河及吳城七堡以資分減惟七堡工舊日放水
之處臨黄一面外有高灘已飭抽挑寬大溝槽
均即發銀趕辦其禦黄壩則擬暫緩緣近年來

均係灌塘濟運與從前情形不同該壩一經展
寬堵閉費手且須拆去臨清堰啓除臨黄堰草
閘替河需用浩繁將来重建尤為多費不得不
通盤籌畫稍分先後其山盱禮智信三壩早已
啓放減水由高寶湖運河循序歸江現在江水
亦大時見頂阻若再添啓湖壩恐下游消納不
及運河東堤喫重又須啓放高郵四壩淹及下
河民田查本年江境處處雨多水大惟下河可
望秋收是以亦擬從緩再行相機酌辦至江境
黄河即日清水暢出外南北以下得此刷滌河
身淤沙濟運回空均有利益惟自外南北以上
直至河南交界流緩沙停立見淤墊勢不能不
大加挑濬但目下不克兼顧另容次第籌辦合
將預備漫水注湖放清刷黄緣由附片具
奏伏乞
聖鑒謹
奏
另有旨

八四七

奏

河南巡撫臣牛鑑跪

奏為黃河漫口委已全掣大溜下游業經斷流無
可施工溜與省城切近勢甚危險惟以保守省
城為首急恭摺奏祈
聖鑒事竊照祥符三十一堡黃水漫隄大溜全掣注
射省城危急籌守情形前經臣縷晰馳
奏茲於七月初三日接奉
批回並准軍機大臣字寄六月三十日奉
上諭據奏大溜全行掣下直衝護城隄緊對省城溜
忽偏西向南衝下省城修守不可不嚴惟所稱通
飭南北兩岸各廳將存料弁兵飛調至省等語省
城固為緊要亦不可顧此失彼著文冲牛鑑多集

人夫料物設法分疏溜水一面搶築護隄缺口毋
再貽誤再昨據文冲奏大溜掣動七分此次斗鑑
奏大溜全掣下游是否斷流正河水勢趨往何處
作何歸宿之處著一併查明具奏等因欽此遵查
漫口緊對省城北門中隔護城隄一道護城隄
距省止八里自漫水衝破護城隄後水即圍城
六月二十四日黃河大溜全行掣動幸分股偏
西向南衝下省城得免淪没而旁溜注射省城
西門急籌修守刻不容緩業將實在情形
奏明在案自大溜全掣後正河當即斷流下游八
廳均已無工上游工段雖尚有五廳水既奪溜
而下即平溢四散不似正河之有隄岸夾束其
勢自已鬆緩且有河臣駐工黑堽督飭修守必
無他虞再查漫隄全溜既掣已成口岸護城隄
浸在水中一片汪洋均非霜清水落不能施工
以目前情勢而論事之至重至急無有逾於保
衛省城者並無顧此失彼之慮是以臣咨商河
臣飛調南北各廳料物人夫來省修守伏查河

工修守隄堰不外拋甎廂埽價護挑溜今河臨
城下自應急以守隄之法守城顧隄屬斜坡而
城係壁立隄之險處格外高寬而城則寬窄一
律隄止一面受水而城則四面水圍西門為分
溜汕刷之處北門緊對口門近亦有旁溜注射
南門地處極窪城身亦多坍陷且全城水泡日
久設有一處罅漏其危險不堪設想所可恃者
大溜既未直衝得免淪没近來人夫物料絡繹
而至工員弁兵均皆用命築壩廂埽應手立辦
仰賴
皇上洪福自可轉危為安至水勢趨向之處詳考輿
圖由祥符陳留杞縣入太康之渦河則安徽之
亳州蒙城懷遠鳳陽皆其必由之路不能不匯
入淮河而歸宿於洪澤湖臣先已星飛咨行本
省歸德陳州兩府及江南河漕各督撫先事預
防矣所有正河委已斷流護隄缺口勢難搶築
惟以保守省城為急務不致顧此失彼緣由理
合據實由驛覆

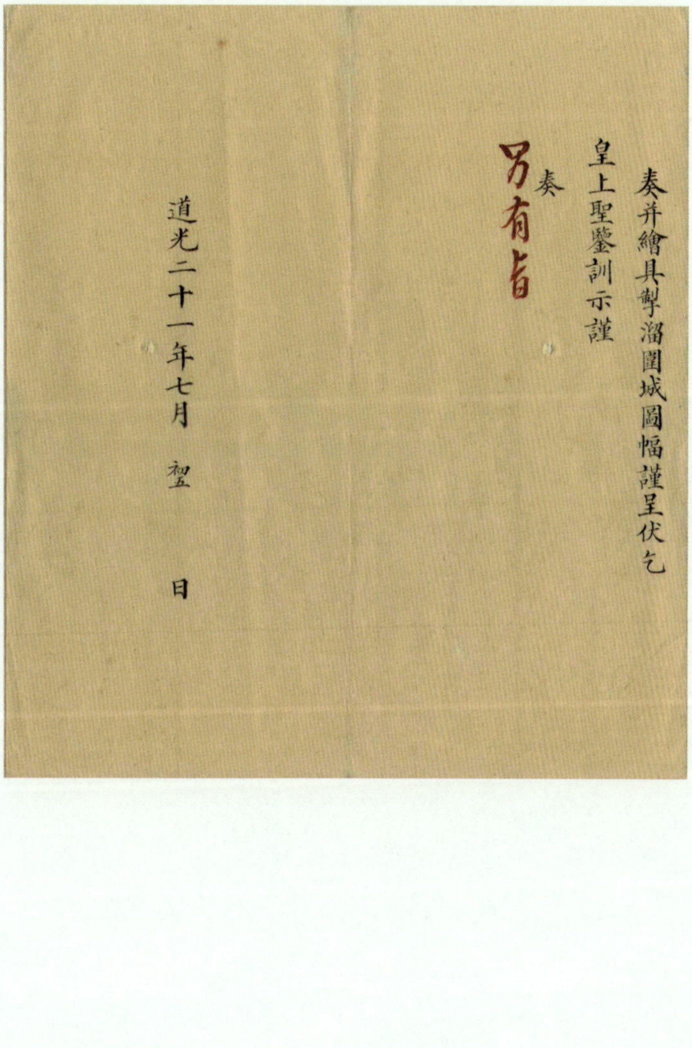

奏并繪具掣溜圍城圖幅謹呈伏乞

皇上聖鑒訓示謹

奏

另有旨

道光二十一年七月　望　日

八四八

河南巡撫臣牛鑑跪
奏為黃河漫口處已全掣大溜下游業經斷流無可施工溜與省城
切近勢甚危險惟以保守省城為首急恭摺奏祈
聖鑒事竊照祥符三十一堡黃水漫隄大溜全掣注射省城危急籌
守情形前經臣縷晰馳
奏並于七月初三日接奉
批回並准軍機大臣字寄六月三十日奉
上諭據奏大溜全行掣下直衝護城隄緊對省城溜急偏西向
南衝下省城修守不可不慎惟所稱通飭南北兩岸各廳將存料
并兵飛調至省等語省城固為緊要亦不可顧此失彼著文沖牛
鑑多集人夫料物設法分流溜水一面搶築護隄缺口毋再貽

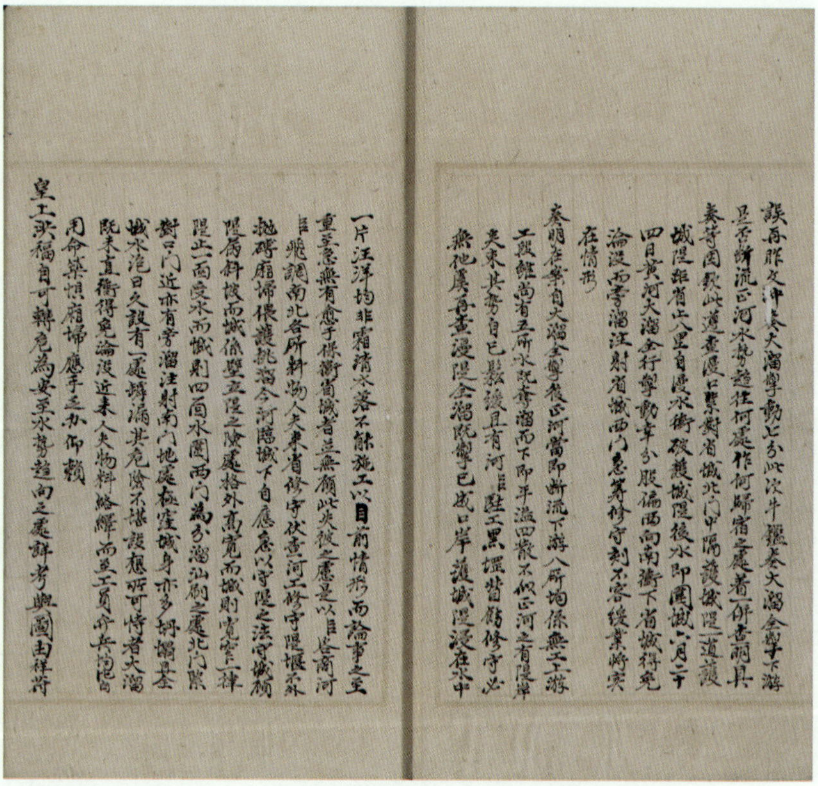

諭吾那文沖乘大溜掣動七分此次牛鑑奏大溜全掣十下游
是否斷流正河水勢趨往何處作何歸宿之處著一併查明具
奏等因欽此遵查漫口緊對省城北門中隔護城堤一道護
城堤距省止八里自漫水衝破護城堤後水即圍城六月二十
四日黃河大溜全行掣動幸分股偏西向南衝下省城得免
淪沒西寺溜注射省城西門急籌修守刻不容緩業將實
在情形
奏明在案自大溜全掣後正河當即斷流下游八府均係無工上游
工段雖尚有五所水既奔溜而下即平溢四散不似正河之有堤岸
夾束其勢自已鬆緩且有河臣駐工黑堰督飭修守必
無他虞查漫堤全溜既掣已成口岸護城堤浸在水中
一片汪洋均非霜清水落不能施工以目前情形而論事之至
重至急無有愈于保衛省城者並無顧此失彼之慮是以臣督商河
臣飛調南北各所料物人夫東省修守伏查河工修守堤堰不外
拋磚廂埽借護挑溜今河臨城下自應參以守堤之法守城頗
堤腳斜坡而城係壁立堤之險處格外高寬而城則寬窄一律
堤止一面受水而城則四面水圍西門為分溜汕刷之處北門緊
對口門近亦有旁溜注射南門地勢極窪城身亦多坍塌且全
城水泡日久設有一處滲漏其危險不堪設想所可恃者大溜
既未直衝得免淪沒近來人夫物料絡繹而至工員弁兵均皆
用命築埧廂埽應手並仰賴
皇上洪福自可轉危為安至水勢趨向之處詳考輿圖由祥符

陳留杞縣入太康之渦河則安徽之亳州蒙城懷遠鳳陽皆
其必由之路不能不匯入淮河而歸宿于洪澤湖臣先已星飛咨行本
省歸德陳州兩府及江南河漕各督撫先事預防矣所有豫河委
已斷流護隄缺口勢难搶築惟以保守省城為急務不致顧此失彼
緣由理合據實由驛覆
奏並繪具省溜圍城圖幅謹呈伏乞
皇上聖鑒訓示謹
奏
道光二十一年七月初十日奉
硃批　欽此

八四九

奏

河東河道總督革職留任臣文沖跪

奏為處暑前後黄河來源仍旺水勢接續增長上
游兩岸各廳工程鑲護平穩並祥符上汛口門
河勢及省城現在情形恭摺具陳仰祈
聖鑒事竊照立秋以後黄河來源長水尺寸節經臣
附摺
奏報在案半月以來續據陝州呈報萬錦灘黄河
於七月初四日寅申二時並初七日午申二時
十一日子巳二時及十二日巳時七次共長水
一丈八尺八寸武陟沁河於六月三十日並七
月十一日巳申亥三時四次共長水八尺四寸
鞏縣洛河於七月初七十一等日兩次共長水

六尺五寸計來源又共長水三丈三尺七寸非
同時並漲即接續連綿實為異常猛驟且秋濤
迅利淘底搜根以致上南中河二廳臨黄之處
塌壩補埽工作迄未停手其黄沁廳之攔黄堰
及下南廳之黑堤工亦時有鑲修至衛糧廳西
圈堰因切對口門處暑以後上首南灘挺峙逼
溜北圈致將該堰前各壩陸續漄塌查西圈堰
前各壩底本灘沙兼係舊日河身該工挑頭二
壩本屬過長挺入河心自塌短數十丈後形勢
轉順現在圈注之溜時緩時緊業已調派員弁
專駐防守臣仍就近策應不使鬆懈所有上游
兩岸各廳續報搶鑲埽段均批飭該管道勘驗
容俟彙覆到日再行彙
奏至南岸祥符上汛三十一堡口門東岸水勢較
浅裹頭埽業已盤起祇須隨時加鑲盤壓現在
大溜側注口門西岸下注甚為湍激是以西岸
續又漄塌詳察情形尚難盤築且當長水之時
如口門溜行不暢則節節擡高恐上游各廳工

程更形喫重擬俟長水消退溜勢稍順搶護省
城大局平定後即當趕緊盤鑲其省城情形自
西門外分股處經撫臣督飭河工廳營員弁搶
抛甎石埽壩以來挑禦頗為得力但水勢增長
仍恐喫重現復於北門外搶築壩工保護臣又
添調下游廳營赴省分投修守並專員催集船
隻趕運甎石稭料源源接濟惟進水口門以南
所用船隻俱由上游雇覓運送料石因口門溜
急沉溺頗多而卸空撥回之船逆流難上是以
集料雖多難以速致臣當與撫臣不遺餘力共
保危城以冀稍抒
宸廑所有處暑前後黄河水勢接續增長上游工程
搶護平穩並祥符上汛口門河勢及省城現在
情形理合恭摺具
奏伏乞
皇上聖鑒謹
奏
另有旨

道光二十一年七月　十七　日

再正繕摺間接據上南廳稟報鄭上汛胡家屯埽工因大溜逼注滙蟄十餘段現在搶辦等情查該工素稱險要開歸道步際桐一時未能出省臣即攜帶錢糧星馳前往督辦並因該工存料無多飭令開廠分投採購趕緊補鑲以資抵禦理合附片奏

聞謹

奏

另有旨

再據報南糧回空首幫淮安頭幫船十四隻於七月初六日卯時趲出山東嶧縣黃林莊境截至初三日入東境初八日挽進臨清牐者共六十三幫十一日過濟城天井牐者共五十四幫牐河水勢充足現在敞板通漕行走極為順速至各湖之水因半月以來大雨時行泉源暢旺坡水滙注遞見加增微山湖截至七月初八日止報存水一丈三尺七寸五分較之定誌僅短二寸五分該湖之水仍擬仿照上年多收尺餘以備宣濟來年重運臣惟當嚴飭道廳相機妥慎辦理相應附片奏

聞謹

奏

覽

八五〇

奏

臣王鼎臣慧成跪

奏為查勘河南黃河決口並省城西北隅大溜頂
衝現在竭力守護情形先行恭摺具奏仰祈
聖鑒事竊臣等奉
命馳赴河南查辦事件於七月十二日自京起程二
十五日行抵距河南省城四十五里之董堤居
住二十六日率同隨帶司員刑部郎中蔣方正
刑部主事吳光業內閣中書張亮基同赴決口
上下周歷查勘舊河正身現在淤墊高仰已成
平地其決口處所係在祥符上汛三十一堡口
門現寬二百六十七丈下游決口寬亦相等東
口已有掛淤將擬盤做裹頭西口大溜湍急難

以施工溜勢建瓴而下直趨省垣隨即馳赴省城由北門外東西分溜較淺處所登城閱視城外四面水圍東邊溜小由北門遶至東門外南下西邊溜大由西北直下到城西南隅折而東趨至距省十餘里之東南蘇村口兩溜始合而為一現在省城西北一隅最為喫重大溜洶湧異常直衝城根撫臣及合城官員聚集兵夫晝夜在城竭力守護靠城處用船隻鱗次排列以禦大溜仍於迎溜處鑲埽拋甎以護城根該紳士兵民等亦皆日夜工作隨塌隨鑲以現在形勢而論官民固結合力同心自可仰邀

蒼昊垂慈

皇上鴻福克保無虞惟現距霜降時日方長來源正旺據撫臣等再四熟商擬於河溜頂衝趕做挑水埽壩挑溜南趨方為周妥查本年豫境黃河水勢漫溢僉稱實為從來所未有自六月十六日卯刻報險經六日夜之久因溜大趕運料物不及人力難施掣動大溜至二十二日大溜全

掣以至失事臣等查看堤内河身淤墊自祥符
上汛起東望一片平沙未知所底其漫溢若干
里至何地方止現在移咨河臣迅即派員馳赴
下游詳細查勘至堤外近省地方臣等經過之
處沙灘遼闊從前村落街道皆為沙壓僅餘樹
杪護城堤原高一丈有餘今則偶存尺許省城
難民遷避者約計十之二三其餘或貪戀故土
不肯遷移或無力他出藉工餬口現經撫臣派
員分投賑濟節次奏明在案將來籌款估計諸
事宜容與撫臣河臣悉心妥議再行具奏所有
現在查勘決口及搶護城垣情形理合先行馳
奏並繪圖貼說恭呈
御覽伏祈
皇上聖鑒訓示謹
奏

另有旨

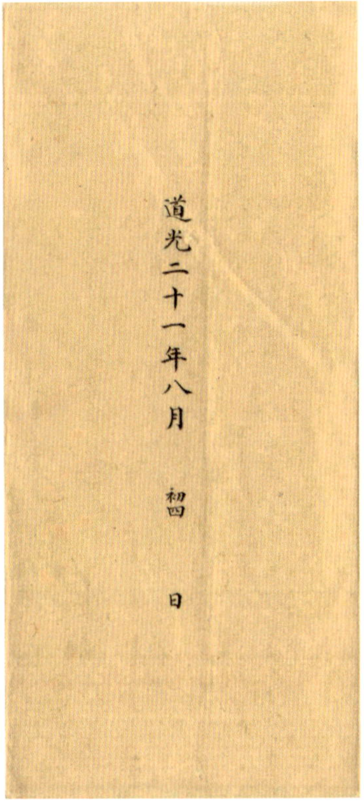
道光二十一年八月　初四　日

再臣等出京後經過直隸各州縣地方秋稼如雲結實飽綻洵屬十分豐稔入河南境因夏間得雨稍遲布種晚禾亦皆青葱彌望可期有秋民情安貼謹

奏

覽

再臣等七月二十二日在邯鄲途次接到軍機
大臣字寄道光二十一年七月十八日奉
上諭文沖奏勘明漫口情形暫緩興堵一摺著王鼎
慧成悉心籌議具奏至所稱省垣卑溼亦須另擇
善地早為遷避一節並著會同牛鑑妥議具奏等
因欽此伏查漫口暫緩興堵關係甚鉅眾論皆
不以為然容臣等悉心體察情形後即行具奏
至省垣遷移亦俟水勢稍定再與牛鑑熟籌妥
商定議以
聞謹
奏
另有旨

再臣等現駐河干之祥符下汛六堡距省城與新開決口各十里自七月二十六日閱視決口歷勘省城水勢後八月初一初二等日親身再加查看與前次情形相同節據合城紳民呈稱撫臣公忠愛民廣布

皇仁衆情感戴聯為一氣保護城垣總能穩固並據城中紳士到臣等公寓面稱不肯避城他適若漏出遷移一語則人心動搖轉恐百萬災民棲身無所變生不測等語察其情詞極為誠確看來人心固結防護實可無虞再探得林則徐有七月初五日自蘇州起程之信計三數日可到合併奏

聞

另有旨

八五一

奏

臣王鼎臣慧成跪

奏爲黃河決口難緩堵合省垣重地難遽遷移遵

旨籌議具奏仰祈

聖鑒事前據河臣文沖奏請將黃河決口暫緩堵築

並請遷徙省垣一摺奉

旨交臣等議奏業於八月初四日附片陳明在案臣

等連日悉心咨訪體察情形竊以河流隨時變

遷漢唐以來迄無上策然斷無決而不塞塞而

不速之理昔大禹治水洪荒甫闢地曠人稀可

以因勢利導後世都邑相望民舍田廬星羅碁

布豈可任其汎濫貽害無窮若如該河臣所奏

俟行走一二年後再行查辦且引雎工成案爲

證查現在黄水所經如祥符陳留杞縣通許太
康等處以至歸德陳州各府屬及安徽潁亳等
處數十州縣皆被浸淹且由此直達洪澤湖湖
底受淤萬一清口宣洩不及則高堰喫重高堰
難恃淮揚一帶勢必盡成巨浸運道鹽場在在
堪虞其患不可勝言况新河所經之處必更議
築新堤以資捍禦無論舍千百年舊址築千餘
里新堤費用不可以數計工程不可以歲計即
使幸而集事而此一二年之久河南江北數十
州縣千億萬生靈流離急迫之狀豈堪設想如
謂順水之性宜遵大禹成法則元之賈魯明之
陳瑄康熙年間河臣靳輔皆治河名手當早已
籌及之何待今日溯查嘉慶二十四年馬營壩
決口河流幾有復歸故道之勢議者猶以為難
今則地處下游更難任其所之至嘉慶十八年
睢工漫口與此時情形全不相同詎可引以為
據查從前東河南河決口皆係迅速興工刻期合
龍立即轉危為安從無任令横流稍為停待之

議該河督所奏不過姑創此說希圖撒手不辦而已其事斷不可行至省城還徙一節現經撫臣牛鑑節次奏明實因現在情形有斷難還徙之勢臣等連次與撫臣面商並廣諮博訪意見相同總之省城之危危於前此口門之潰百姓之困困於斯時興堵之遲應俟河流稍定其省垣應否還移之處再行徐議相機辦理所有臣等悉心籌議緣由謹據實具奏伏乞

皇上聖鑒訓示謹

奏

另有旨

道光二十一年八月　初七　日

八五二

奏

河東河道總督革職留任臣文沖跪

奏為節屆秋分黃河長水遞消上游兩岸工程鑲
護平穩並省城現在情形恭摺具陳仰祈
聖鑒事竊照節逾白露河水續長衛糧廳西圈堰溜
勢圈刷督籌修守情形臣於七月二十八日具
奏後旬日以來黃河來源未報續長前此長水業
已遞消北岸衛糧廳西圈堰前河溜時緩時緊
各壩續塌無多該堰頭土壩尚未匯淨惟河身
仍形逼窄壩底純係澥沙詳察情形鑲埽總難
站穩自應得守且守幸時已秋分此後水力日
緩仍當督飭道廳加意防範其堰北增培大隄
土工嚴飭如式趲辦不任草率遲延隄南所鑲

護埽及防風埽業已一律完竣並於西圈堰上
首新補堰身西面緊臨洩水溝槽應添鑲護埽
捍衛謹彙同上南中河下南黃沁等廳補鑲接
鑲埽段另片恭呈
御覽至南岸上南廳中牟上汛頭堡楊橋大壩河勢
仍圈臥不移該處本係乾隆年間口門舊時埽
段淤結在底高窪不平以致新補之埽屢鑲屢
蟄迄未盤壓穩定現又批飭開歸道步際桐親
往督鑲酌量拋護碎石妥慎辦理汛期尚有一
月上游險工未能停手臣仍當兩岸策應修防
未敢鬆懈其祥符上汛三十一堡口門溜行較
前稍平西岸雖已停塌惟所存稭料已先儘撥
運省城搶護是以西壩裹頭料物尚有不敷現
在趕緊採購俟集有成數即行辦理至省城西
北角迎溜之處因長水遞消日漸鬆緩不致如
前之湍激調赴省城之廳營員弁經撫臣派委
西北一帶分段守護以期保衛無虞札撥各廳
料物現又遵

旨嚴催已於另摺分析覆

奏所有節屆秋分黄河長水遞消工程鑲護平穩

並省城現在情形理合恭摺具陳伏乞

皇上聖鑒謹

奏　覽

道光二十一年八月　初　日

八五三

奏

河南巡撫臣牛鑑跪

奏爲黄水漫淹各屬情形較重奏懇

聖恩先行撫恤一月口糧以資接濟事竊照祥符上

汛三十一堡漫口水繞省城向東南下注據祥

符陳留通許杞縣淮寧太康睢州柘城鹿邑等

州縣先後稟報被淹並續據陳留通許二縣稟

報城被水圍勢甚危急等情臣與署藩司因保

護省城不克親詣查辦均經分委幹員帶銀馳

往會同各府州縣加意救濟並將城垣設法保

衛附摺

奏明在案兹查祥符等九州縣猝遇漫淹室廬傾

圮早晚秋禾盡被漂没無存雖經逐日散給饝

飭廂片俾資食宿究係急賑不能徧及當飭各
該府督飭印委各員確查被淹輕重約需撫恤
災民若干議詳領辦去後茲據查明各屬被水
村莊請照例無論極次貧民概行撫恤一月口
糧由署藩司鄂順安具詳請
奏前來臣覆查無異合無仰懇
皇上天恩俯准將祥符陳留通許杞縣淮寧太康睢
州柘城鹿邑等九州縣被水村莊無論極次貧
民概行撫恤一月口糧所需銀兩在於司庫存
貯各年丁地項内動支責成印委各員認真散
放俾災黎均沾實惠臣仍督司嚴密稽查事竣
覈實報銷不任稍有遺濫侵冒以期仰副
聖主軫恤災黎不使一夫失所之至意除再飭查水
勢漸消之處確查成災村莊分數並坍塌瓦草
房間淹斃人口各若干同應行緩徵年款另行
分别
奏辦外所有查明災區請先撫恤緣由理合恭摺
具

奏伏乞
皇上聖鑒訓示謹
奏
另有旨

道光二十一年八月　二十　日

八五四

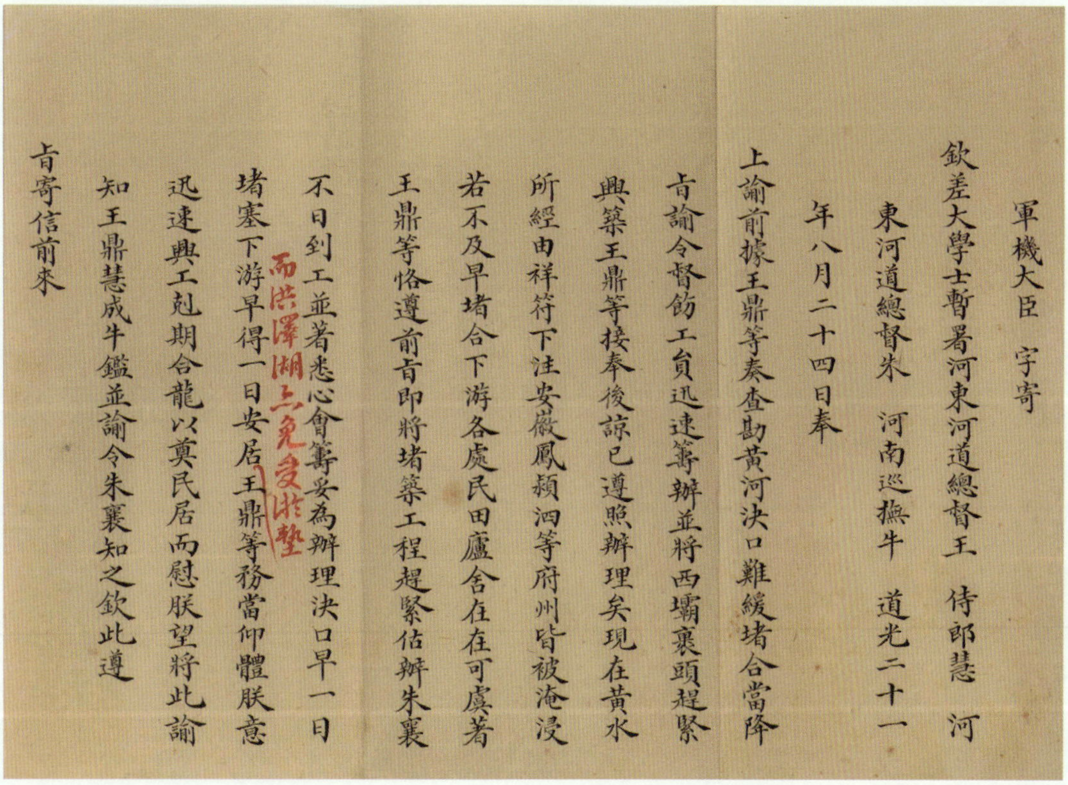

軍機大臣　字寄

欽差大學士暫署河東河道總督王　侍郎慧　河東河道總督朱　河南巡撫牛　道光二十一年八月二十四日奉

上諭前據王鼎等奏查勘黃河決口難緩堵合當降旨諭令督飭工員迅速籌辦並將西壩裹頭趕緊興築王鼎等接奉後諒已遵照辦理矣現在黃水所經由祥符下注安徽鳳潁泗等府州皆被淹浸若不及早堵合下游各處民田廬舍在在可虞著王鼎等恪遵前旨即將堵築工程趕緊估辦朱襄不日到工並著悉心會籌妥為辦理決口早一日堵塞下游早得一日安居而洪澤湖亦免受淤墊王鼎等務當仰體朕意迅速興工剋期合龍以奠民居而慰朕望將此諭知王鼎慧成牛鑑並諭令朱襄知之欽此遵

旨寄信前來

八五五

奏

臣王鼎跪

奏為節屆寒露黄河長水遞消上游工程搶護平穩並核明各廳拋過甎石工段及口門省城現在情形恭摺具陳仰祈

聖鑒事竊查節屆秋分長水遞消上游兩岸工程鑲護平穩情形經前河臣文沖於八月初八日具

奏並陳明上南廳楊橋大壩河勢圈卧不移新補之埽屢鑲屢蟄迄未盤壓穩定批飭開歸道親往督鑲在案旋據開歸道步際桐稟稱上南廳中牟上汛頭堡楊橋戗三壩道光十七年鑲辦埽工四段旋經淤閉停修迤下戗四壩向無埽工因河溜潰灘南圈側注逼刷致將戗三壩舊

埽滙淨傷及壩身趕即補鑲新埽四段正在搶辦間溜忽下卸戧四壩前屢鑲屢塌壩身塌盡滙及隄根情形緊要當於戧三壩四埽下首順隄挨次接鑲埽工十段一律跟盤穩實以資抵禦臣復加察核屬實此外豫東二省兩岸各廳工程因本年黃河來源勤而且旺異漲非常溜行迅激堤坐圈刷其迎溜頂衝情形緊要者經前河臣文沖與各該道督飭隨時抛護加壓碎石並添抛加接軟垛壩格等工均資抵禦其口門迤下各廳因祥符漫口正河斷流動用軟石數目先經前河臣文沖於七月初五日附片陳明在案旬日以來河水未據報長溜力漸綿所有兩岸各廳抛過軟石工段兹據各該道先後稟送節畧前來臣查各廳本年共抛軟工二十五道每道用軟自一百餘方至一千八百餘方不等又軟埽外抛石偎護各工共抛碎石二十三段每段用石自一百四十餘方至一千三百餘方不等臣復核動用各數均無虛浮謹將抛

過軌石段落分別繕片恭呈
御覽至祥符上汛三十一堡口門溜行較前平緩西
岸裹頭埽據報於十六日鑲築容俟盤做完竣
再行奏報其省城西北角迎溜之處因河水遞
落日漸鬆緩經撫臣派委文武員弁分段守護
各廳撥運料物接濟搶護得以應手省垣可期
無虞所有節屆寒露水消工穩並各廳拋過軌
石工段及口門省城現在情形理合恭摺具陳
伏祈
皇上聖鑒謹
奏
另有旨
道光二十一年八月　二十五　日

再臣抱恙出京計背上瘡症自五月二十日起到八月二十五日共九十五日屢次服藥未能平復血氣漸虧現在籌辦堵築口門頭緒紛繁又常應躬親歷勘往返需時而河督事務亦當喫緊之際臣年衰病久勢難兼顧旬日以來勉力趕辦深恐精神照料未周晝夜悚惕伏祈

聖恩迅飭新任河督朱襄速即來豫以專職守而濟要工為此瀝情具陳謹

奏

另有旨

八五六

奏

河東河道總督臣朱襄跪

奏為遵

旨查明酌保黃河上游在工尤為出力人員仰祈

聖鑒事竊臣承准前署河東河道總督

欽差大學士王鼎咨開九月二十二日欽奉

恩旨勅將在工人員擇其尤為出力者秉公酌保數

員候朕施恩毋許冒濫等因欽此恭錄移咨到臣

欽遵辦理臣跪誦之下仰見我

皇上廑念河防微勞必錄謹即宣示通工無不同深

欽感伏查本年汛水非常奇漲所有上游搶護

平安保奏乞

恩之員尤關通工激勸誠不容稍有冒濫惟臣甫經

任事豫東員弁尚未全行接見剳本年各工支
持劇險又未親覩默記無憑揚激當經面諭
欽差大學士王鼎云稱八月中暫署河篆上游各廳
尚紛紛報險均經搶護平穩又歷查夏秋所報
水勢及各廳稟辦工程情形知實有出力之員
是以奏請查明保列經臣照案札飭各該道復
公同面諭將上游河工在事文武員弁並地方
協同防守各員實在勞績衆著秉公確覈稟報
前來臣復加查覈謹擇其尤為出力者五員繕
具名單恭呈
御覽其次出力人員臣另行照例分別等第咨部核
辦至各項工程錢糧胥由各該管道督飭估計
查開歸道步際桐因疎防祥汛漫溢應俟部議
外河北道莊瑤現在工次常與接見察其才識
卓練辦事認真本年北岸各廳屢有險工均經
該道先機指示督飭搶護平穩不致糜費錢糧
但係監司大員不敢冒昧擅保可否交部優敘
以示鼓勵之處出自

皇上天恩所有遵
旨保奏在工尤為出力人員謹會同大學士臣王鼎
合詞恭摺具奏伏乞
皇上聖鑒訓示謹
奏
另有旨

道光二十一年十月　初五　日

八五七

奏

河東河道總督臣朱襄跪

奏為援案添備黃河各廳來年四成防料六成碎

石請將豫省四成防料銀兩酌辦甎石並查明

用存料垛扣抵還司以歸撙節恭摺奏祈

聖鑒事竊照豫省黃河南北兩岸十三廳向於額辦

歲料外豫請添辦備防稭二千垛東省曹糧兩

廳添辦備防稭五百垛均於霜降前請銀發辦

嗣於道光十一年改為霜後具奏責成各道查

明各廳存賸料垛數目即將減辦銀兩於請添

防料項下照數扣還司庫以照覈實並經前河

臣吳邦慶於道光十二年酌改章程請將此項

銀兩四成辦稭六成辦石嗣於十九年復經前

河臣栗毓美又將四成辦稭全改辦甎奏奉
恩准各在案兹已節届小雪亟應乘時發辦伏思甎
石兩項同一籌備工需前河臣改稭辦甎原為
固工節用起見查江省向未辦甎衹有料石兩
項臣前在南河學習歷任徐揚兩道每於大
汛駐工防守竊見河溜奔騰提移險要之際凡
迎溜埽外立時刷深輒至跟鑲不已趕拋碎石
偎護即臻穩定或埽灣塌灘近隄生險搶做壩
基數道外盤柴頭跟拋碎石亦即挑溜開行是
碎石之用臣所親歷實已著有成效臣現在籌
堵祥工豫東兩岸情形尚未周歷疊與在壩各
道廳等悉心講求僉以甎之為用施之淺水順
溜最為相宜若水深溜急拋石尤為得力緣石
性堅凝體質沉重一經出水屹立不移是收效
速而兼能持久似碎石一項不妨多備兹據兗
沂開歸河北三道將各廳用存稭料點明數目
並就工程平險之情形應添料物之多寡稟報
前來臣復加確覈除六成銀兩照舊辦石並柬

省曹河糧河二廳四成銀兩仍舊辦料外所有
豫省十三廳四成防料銀兩應請酌改二成辦
甎二成辦石分貯備防計開歸河北二道屬兩
岸十三廳應添備防稭二千垛現有本年用賸
稭九百七垛值銀六萬三千四百九十兩兗沂
道屬曹河糧河二廳應添備防稭五百垛現有
本年用賸稭一百垛值銀七千兩均遵奏定章
程即於現請防料項下扣抵減辦劃還司庫外
計豫省十三廳實應請四成改稭酌辦甎石銀
三萬六百零四兩六成改稭辦石銀四萬五千
九百零六兩東省二廳實應請辦四成備防稭
一百六十垛該例幫價銀一萬一千二百兩六
成改稭辦石銀一萬六千八百兩合無仰懇
皇上天恩俯念工需緊要准其照數添備臣即分咨
河南山東兩撫臣各於司庫籌項撥發存貯道
庫分別給領勒限堆齊報候親驗倘有遲延及
虛鬆短少立即指名嚴叅不敢稍事姑容所有
籌辦來年添備防料並酌辦甎石及劃還司庫

銀兩緣由謹會同署河南撫臣鄂順安山東撫

臣托渾布恭摺具

奏伏乞

皇上聖鑒訓示謹

奏

另有旨

道光二十一年十月二十一日

臣朱襄跪

奏再十月初四日准吏部咨開九月十二日奉

旨此案河南祥符汛漫口失事專轄之下南河同知

高步月署下南河協備許鏕防守之祥符上汛縣

丞秦華曾祥符上汛千總高振外委劉讓均著即

行革職於河干枷號一個月滿日發往新疆充當

苦差兼轄之開歸陳許道步際桐亦著即行革職

留工効力欽此除會同撫臣委員接護開歸道篆

即飭步際桐留工効力外遵即恭宣

諭旨將高步月等五員革職枷號河干俟一月期滿

即遵

旨由署撫臣將該革員弁等發往新疆充當苦差理

合附片覆

奏伏乞

聖鑒謹

奏

知道了

臣朱襄跪

奏再臣前於查催祥工以下引河之便順道履勘
兩岸隄工面與道廳等詳細講求因歷年擇要
幫培未能一律估辦本年汛水過旺祥工失事
大溜頓掣旁趨以致兩岸灘面積淤增厚灘面
既高隄身愈形卑矮且多高下不平以及坡坦
撞刷之處非大加培補不足以資捍禦大隄為
防河首要保障指日黄流挽歸故道尤應先事
豫籌以期有備無患現已飭令撙節查估另容
逐細復勘再行奏請辦理謹附片陳明伏乞
聖鑒謹
奏

河防固屬緊要不可疎失
然值此經費短絀之時不
能不通盤計算設法慎
為之

八五八

奏

臣德順跪

奏為豫省商運引地因黃河決口沖沒店廠鹽包
阻隔水陸運道據運司暨州縣委員查勘詳稟
情形擬請援照歷屆災案分別輕重核實辦理
以拯商艱而濟民食恭摺具奏仰祈
聖鑒事竊據長蘆運使陸蔭奎詳據河南引商查慶
餘晉六吉侯恭和晉肇豐廉簡晉太成晉和源
全裕成潘復興晉全義金嘉豫豫興李常裕郭
順成信源豐晉吉成等十六商先後稟稱該商
等行辦豫省南北兩岸官引窩引五十一處本
年六月間因祥符上汛三十一堡黃河漫口水
勢氾濫以致各引地同時被災內如祥符陳留

杞縣太康通許淮寧西華孟縣沈邱項城商水
舞陽郾城中牟鄢陵扶溝禹州許州長葛洧川
臨穎尉氏蘭儀滎澤滎陽汜水密縣新鄭鄭州
等處店厰鹽包全數沖没房屋器具漂毁無存
其武陟温縣濟源河内新鄉汲縣湯陰原武延
津輝縣安陽林縣修武濬縣獲嘉陽武淇縣封
邱滑縣内黄長垣東明等處又因漳沁等河盛
漲勾連運道阻隔厰鹽多被水圍不能開運商
情危迫懇請察核辦理等因並據各該商等以
災出異常標運兩悮身命不保等情赴衙門
紛紛稟訴仍恐商稟未能盡實當經批行運
司詳委候補知事查世勲前赴豫省各商行鹽
店厰地面會同所在州縣詳細履勘據實開報
旋據委員節次具稟並各州縣繪具被水圖説
開送沖没鹽包數目由運司覆加細核除濬縣
獲嘉陽武淇縣封邱滑縣内黄長垣東明等九
處情形較輕均可毋庸調劑外應將其餘州縣
引地分别被災極重次重並以祥符陳留杞縣

太康四處爲極重中之尤重擬請援照道光十
年磁州等處地震災案核實辦理以拯商艱而
濟民食詳請具
奏前來𡮢伏查豫省本年黃河决口所在成災商
民並遭其厄現經
欽差大臣前往勘辦在案該商等行鹽店廠適當其
衝輕重不等茲據委員州縣查勘情形節次稟
報此在商業流離成本蕩折有關南運引岸大
局固應設法保全且各引地當災歉之餘存鹽
悉被淹没尤須赶運新鹽以濟民食而各災商
本耗標虧行銷無指其課運不能兼顧亦屬實
在情形自當推廣
皇仁援照成案分别查辦以保大局溯查道光十年
磁州等處地震災案奏奉
恩旨准將各被災引地應徵本年引課加價分别展
緩以甦商困並將被災尤重之磁州應徵次二兩
年引課加價一併遞緩俾資整頓欽此欽遵在案
本年豫省水災較之震案情形重至倍蓰應即

援照分别辦理現查各災岸除濬縣獲嘉陽武
淇縣封邱滑縣內黄長垣東明等九處情形較
輕均可無庸查辦外其餘州縣被災引地惟祥
符陳留杞縣太康等四處漂毁房屋沖没鹽包
成本器具全歸烏有實為極重中之尤重應請
比照震案内磁州之例將二十年應徵引課銀
一萬三千七十八兩一錢一分七釐緩至明年
奏銷後分作五限帶徵並將二十一年應徵引
課一併遞緩俟二十年引課限滿後仍分五限
接續帶徵其應交本年補欠加價除貼補現年
帑利銀仍令完交外下餘一半銀二千六百六
十九兩三錢八分七釐亦請隨引課停補兩年
自二十三年起分作五限帶完俾得以遞緩之
數作為整頓四處引地成本庶不致竟成廢岸
有妨銷運民食又如通許淮寧西華孟縣沈邱
項城商水舞陽郾城中牟鄢陵扶溝禹州許州
長葛洧川臨潁尉氏蘭儀滎澤滎陽汜水密縣
新鄭鄭州等二十五處被災情形雖較祥符等

四處稍次均在極重之列請將二十年引課銀
六萬三千四百四十六兩六錢九分三釐並本
年一半加價銀一萬四千三百十九兩三錢二
分緩至明年奏銷後分作四限帶徵此外如武
陟溫縣濟源河內新鄉汲縣湯陰原武延津輝
縣安陽林縣修武等十三處概應列為次重請
將二十年引課銀三萬六千六百四十四兩七
錢一分緩至明年奏銷後分作三限帶徵其一
半加價銀仍令全數完交不准照緩如此分別
補救庶商困得以稍甦災岸可期復業實于南
運大局保全非淺奴才仍當迭飭運司嚴催各商
將淹沒之鹽勉力補運阻隔之鹽設法改運期
于民食無悞仰慰
聖懷理合將南運引地因黃河決口被淹阻運請援
照成案分別輕重核實辦理各緣由恭摺具
奏伏乞
皇上聖鑒
訓示祇遵謹

奏

另有旨

道光二十一年十一月初四日

道光二十一年十二月初七日内閣奉
上諭恩順奏豫省商運引地因黄河決口被淹阻
運請援案分别辦理一摺本年祥符漫口水勢
經臨以致各引地同時被灾商本虧折自應
量予調劑加恩著照所請所有被灾尤重之祥
符陳留杞縣太康等四處引地著准其比照從前
成案將二十年應征引課銀一萬三千七十八兩零
緩至明年奏銷以後分作五限帶征並將二十
一年應征引課一併遞緩俟二十年引課限滿以
後再分五限接續帶征其應交本年補欠加價除
照補現年帶利銀仍令完交外下餘一萬銀二千六
百六十九兩零着照所請隨引課停補自二十二年
起分作五限帶完又被灾極重之通許淮寧西華
鹿邑沈丘項城商水舞陽郾城中牟鄢陵
扶溝禹州許州長葛洧川臨潁尉氏蘭儀
滎澤滎陽汜水密縣新鄭鄭州等二十五處
引地著准其將二十年引課銀六萬三千四百四

十六月奏准來年一年加價銀一萬四千三百兩
月奏准至明年春銷後分作四限帶徵又
被災次重之武陟溫縣濟源河內新鄉汲縣
湯陰原武延津輝縣滎陽杞縣修武等
十三處引地自准其將二十年引課銀三萬六千
六百四十四兩奏准至明年春銷後分作三限
帶徵共一年加價銀仍令全數完交以紓商力
該鹽政仍當督飭該運司廣催各商將應
交之鹽即行補運阻隔之鹽設法改運務
期民食無誤該部知道欽此

八五九

奏

河東河道總督臣朱襄跪

奏為確覈豫省黄河南北兩岸各廳道光二十一年另案搶辦甎埽工程動撥司庫銀款總數循例恭摺具

奏仰祈

聖鑒事竊照豫省黄河兩岸每當伏秋大汛遇有搶辦工程向於司庫動撥銀款應用前於嘉慶十年及二十一年節經各河臣撫臣議請每年先於地丁項下提出銀三十萬兩以備搶險之需俟將次用完體察情形豫為籌計應需添撥若干會核具

奏一面行司提取備用各等因先後奏奉

諭旨允准欽遵其道庫所墊不敷銀兩係霜後奏撥還
款歷經遵循辦理在案查本年大河各路來源
長水丈尺並兩岸甎埽各工搶辦情形查接管
卷内均經前河臣隨時
奏明其例撥銀三十萬兩除辦石銀六萬兩外餘
於春伏二汛先經支發全完復於七月内
奏准添撥銀十五萬兩接濟應用所有南北兩岸
各廳另案搶辦甎埽工程經前河臣逐案減準
另摺奏送清單臣現復確覈計豫省兩岸十二
廳實用銀七十九萬九千五百七十三兩六錢
四分八釐内除動用十六年原陽支河備防麻
值銀二千五百三十六兩五錢六分十七年存
工甎值銀七千一百二十二兩九錢二十年存
工稭值銀二萬七千六百五十兩又存工甎值
銀五萬三千五百六十七兩一錢一分九釐計
撥用添稭四成改辦甎塊銀四萬四千三百八
十兩歲麻加價銀四萬九千六百八十兩例撥
添撥防險銀除上年奏准豫提撥發辦石銀六

萬兩另歸石工案內造報外實歸甎埽工用銀三十九萬兩以上三款共撥過司庫銀四十八萬四千六十兩現除南北兩岸各廳用存稭料值銀六萬三千四百九十兩又用存甎塊值銀四萬三千五百五十三兩三錢三分九釐又用存歲麻值加價銀四千五百八十八兩五錢一分九釐又用存購麻值例加價銀六千九百三十一兩九錢三分二釐有料甎麻貯工外應找撥不敷銀三十四萬三千二百兩八錢五分九釐以符奏案而清庫款謹循例會同署理河南撫臣鄂順安恭摺具

奏伏乞

皇上聖鑒再查另案不敷銀兩係大汛搶工於道庫存款內隨時墊發湊用歷年核奏清單後即於司庫找撥還款仍存貯道庫以便墊發來年工用合併陳明謹

奏

工部知道

道光二十一年十一月　契　日

奏

河東河道總督臣朱襄跪

奏為嚴飭豫省黃河上游各廳加意防護凌汛以

期工程平穩恭摺奏祈

聖鑒事竊照黃河修守桃伏秋凌四汛並屬緊要現

已節交冬至氣候嚴寒河水易於凍結臨黃埽

段一經冰塊劇刷必致上實下虛鑲修費手河

勢坐灣之處又防集凌撞高水勢壅遏為患現

查祥工口門迤上雖止五廳而本年伏秋汛内

多有新生埽工防護凌汛正宜嚴密臣先經通

飭道廳豫備㯳凌榛把密挂埽前並多備打凌

器具遇有冰塊擁集以便隨時敲打推行順流

下注至祥工埽壩刻雖衝寒進築所有柴土兩

項或因凍結而不能膠合或因凝聚而不免停
滯尤宜小心防護庶免流弊滋患臣與
欽差暨撫臣日逐在壩剋期趲堵臣仍不時諄囑該
掌壩員弁等務於穩妥之中力求迅速總期進
占得占步步穩實斷不敢以率忽程功轉致欲
速反遲欲省轉費以期上慰
聖主節帑重工之至意所有嚴飭豫省上游各廳防
護凌汛緣由謹繕摺恭
奏伏乞
皇上聖鑒謹
奏
知道了
道光二十一年十一月　十九　日

再前任山東泇河同知德克金佈改名德鈞承修微山湖口雙閘保固限內損壞經前河臣具

奏欽奉

諭旨飭令來東賠修茲據運河道稟報該員業已賠修完竣並經該道驗收詳請給咨前來除即繕咨給發該員回旗外合併附片陳明謹

奏

覽

八六一

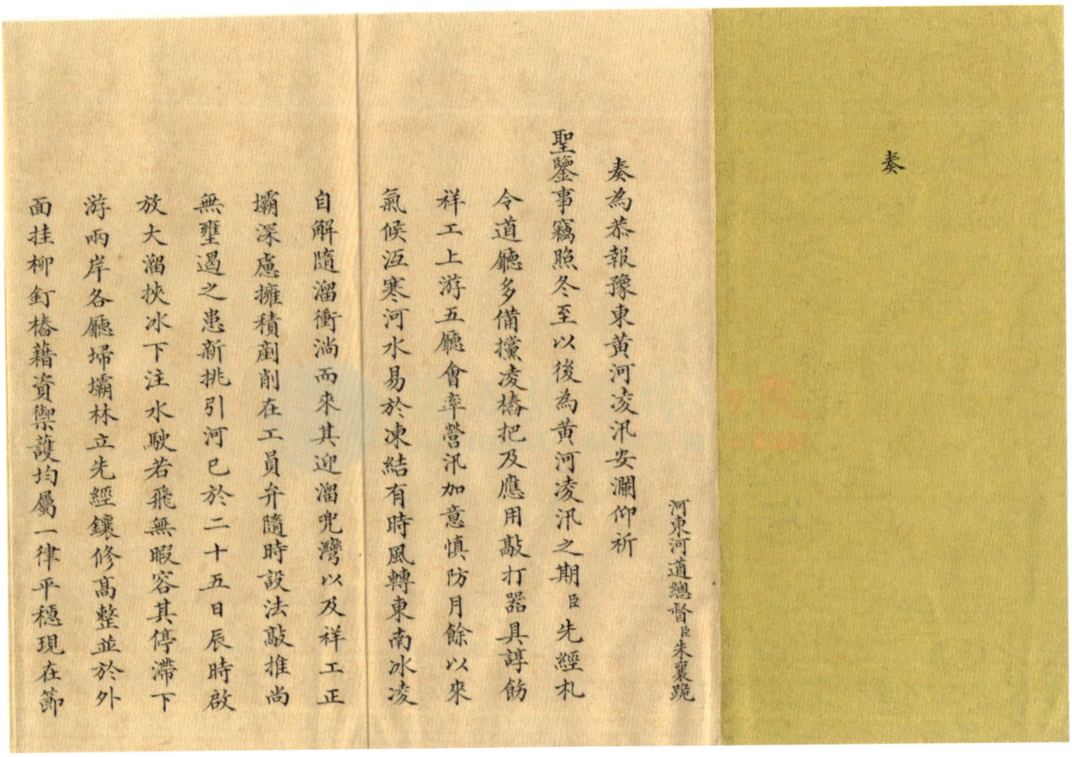

奏

河東河道總督臣朱襄跪

奏為恭報豫東黃河凌汛安瀾仰祈

聖鑒事竊照冬至以後為黃河凌汛之期臣先經札

令道廳多備攩凌椿把及應用敲打器具諄飭

祥工上游五廳會率營汛加意慎防月餘以來

氣候沍寒河水易於凍結有時風轉東南冰凌

自解隨溜衝淌而來其迎溜兜灣以及祥工正

壩深處擁積剷削在工員弁隨時設法敲推尚

無壅遏之患新挑引河已於二十五日辰時啟

放大溜挾冰下注水駛若飛無暇容其停滯下

游兩岸各廳埽壩林立先經鑲修高整並於外

面挂柳釘樁藉資禦護均屬一律平穩現在節

屆立春豫東黃河安瀾普慶洵堪仰慰
聖懷祥工大壩已可即日合龍壩後大戗為倚靠最
要之務先經派員接手趕辦其餘善後各事宜
另俟請
帑撥到亦即妥速興做以期益臻鞏固各廳應辦
歲防稭料及甎塊石方麻觔積土等項皆為修
防根本現在春融冰泮已可分投起運臣飭
各道將已完正雜各料先為查驗並嚴催各廳
將未完之料加緊趲辦勒限堆齊候臣逐工復
驗不任稍有牽延所有豫東黃河凌汛安瀾緣
由謹繕摺具
奏伏乞
皇上聖鑒謹
奏

知道了

道光二十一年十二月　二十六　日

八六二

奏

漕運總督臣朱樹
江南河道總督臣麟慶跪

奏爲重運首進漕船渡黄完竣恭摺循例由驛

奏報仰祈

聖鑒事竊照本年重運軍船節次催提情形及盤驗

過淮幫數均經臣朱樹具

奏在案臣麟慶自瓜洲江口折回據淮揚淮海二

道稟報外南挑㐌塘河及北岸中河拆鑲楊莊

頭壩增培挑清二汛兩岸縴隄估挑雙金閘下

淤淺河道均已次第辦竣其河口草閘由身迎

水分水雁翅護埽閘外挑束壩禦黄東二壩臨

清堰鉗口東壩朽腐蟄塌亦俱拆補加鑲隨即

親往查驗均屬如式當飭淮揚道恩齡漕標泰

將景興署河營參將呂邦治啟放臨清堰提船
進塘分檔排泊並將中河廳雙金閘鉗口壩堵
閉攔蓄一面委員持
令馳赴運河廳飭啟柳園頭閘導引駱馬湖水入
河濟運迨清水擡高啟拆楊莊二壩臣等即於
三月十二日會駐河口督飭道將等堵閉臨清
堰啟除臨黄堰將塘內排泊之首進淮安二幫
起至常白幫止及二進在前之鳳常等三幫共
二十四幫計船六百九十六隻並雲南委員黄
家聲貴州委員夏廷爕湖北接運委員烏勒登
布領運銅鉛船三十二隻循序放渡以次挽入
中河跟艅北上查本年首進渡黄日期比上年
早五日比二十年相同比十九年遲六日除委
護淮海道陳勳文專駐中河署徐州道沈鵬專
駐運河稽查催趲並咨河東河臣飭屬照例鋪
水以濟漕行外臣等現又添派員弁迎提在後
幫船迅速抵壩俟有成數即行放渡不任遲延
所有重運首進渡黄完竣日期謹會同兩江總

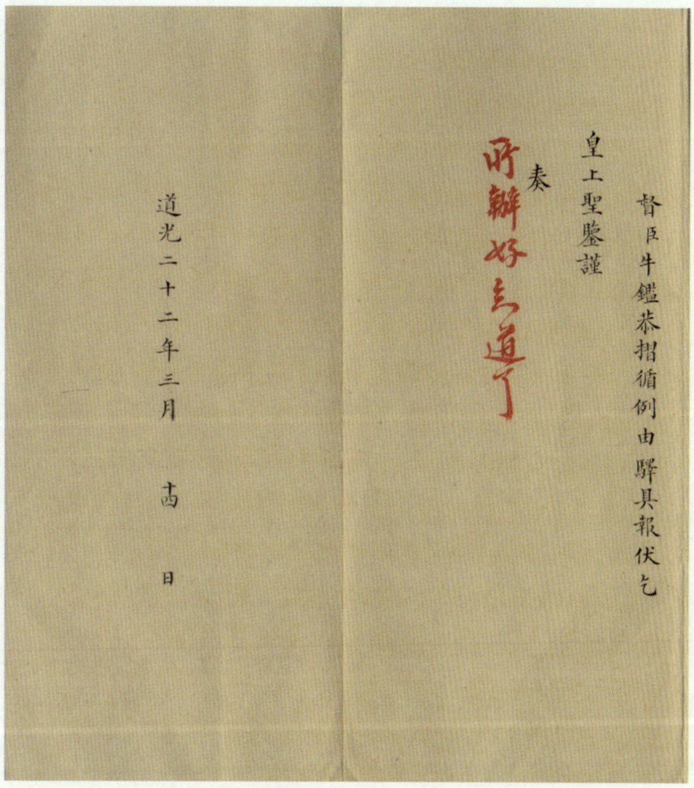

督臣牛鑑恭摺循例由驛具報伏乞
皇上聖鑒謹
奏
所辦好。知道了。
道光二十二年三月　十四　日

臣麟慶跪

奏再臣承准軍機大臣字寄道光二十二年二月

二十七日奉

上諭麟慶奏黄水暢流歸海各工修防平穩一摺覽

奏均悉近年南漕北上均因黄高於清灌塘濟運

原係一時權宜辦理上年祥工漫口南河下游業

經清水刷滌河身自必一律深通本年黄水歸海

迅駛東趨流行極為暢順睄屆軍船抵壩放渡之

期該處禦黄壩如能照舊啟放較之灌塘濟運豈

不更善該河督現在迎提軍船相機放渡自必因

時制宜妥為籌畫所有挽渡各機宜能否復歸舊

制之處著該河督察看情形斟酌妥辦總期河務

漕行兩無妨礙是為至要欽此仰見

聖主垂厪河漕至意跪誦之下欽感難名伏查上年

黄水歸湖臣即大關清口原冀蕩滌河淤得復

清水送漕舊制迨至本年立春察看順黄壩誌

樁存水二丈八尺溯查舊案逐細比較約計祥

工合龍黄流歸正水一長回仍在三丈以外能

否清高於黄克如始願未敢自信當經
奏明臨時酌辦奉到
硃批如能清高於黄無須灌放更好相機妥辦欽此
欽遵在案兹查挽黄歸正以來水仍長回外南
順黄壩誌樁現存三丈五尺六寸較量黄高於
清四尺有餘未能啟壩蓋緣河底自六年以來
淤墊過高上年祥工失事大溜頓掣又復增淤
嗣經清水刷滌而老淤歷年過久衝跌甚難以
故河底加深無多查灌塘濟運誠如
聖諭原係權宜辦理然舍此别無良策是以仍循舊
灌放至外南順清河前於正月二十八日啟放
嗣因黄流下注趕即堵閉合併附片覆陳伏乞
聖鑒謹
奏
知道了

八六三

奏

河東河道總督臣朱襄跪

奏為恭報豫東黃河桃汛安瀾並查驗工料一律如式仰祈

聖鑒事竊照黃河以清明後二十日為桃汛其時各廳稟報長水例應赴工督防臣前在祥工已將善後事宜布置周備即赴南北兩岸周歷巡防並查工驗料緣由恭摺

奏報在案臣於二月二十六日由祥工起身歷中河上南兩廳即渡河至北岸自黃沁查抵衛糧臣因祥符大壩究係新工一刻未敢懈忽且與衛糧之西圈堰斜對即就近密遣誠實差弁前往查勘知道廳及文武員弁俱常川在工正壩

邊埽續經加鑲高整善後各事均在撒手趕辦
情形悉臻穩定旋於途次接奉
硃批新工處所雖云穩固仍當留神欽此仰見
聖明殷懷保衛廑念要工下忱萬分欽悚謹即恭録
諭旨復又嚴飭加意防守務期工程十分堅整速竣
報驗俾大汛捍衛有資如有隨時相機防禦之
處稟明由臣奏請辦理嗣由下北祥河挨查至
曹考廳屬渡河復至南岸蘭儀儀睢睢寧商虞
歸河等廳折回渡至北岸東省曹河糧河兩廳
計南北上下十五廳俱已遍歷察看大河挽正
之後溜勢順軌東趨面詢道廳據云河道形勢
皆與上年相仿尚無提移更變之處間有舊壩
刷塌或存灘無多惟恐近隄生險諄飭隨時察
看如必不可緩再行相機辦理期無糜誤灘根
積水最為河工隱患臣於到任之初即經嚴飭
疏消赶於引河未放以前乘機外導刻已逐段
乾涸溝頭溝尾全行堵截各廳歲料為修防根
本原限桃汛前完報適值大工用數較多料户

居奇擡價惟恐各該廳因此觀望遷延疊經勒
限嚴催已據陸續報齊臣按廳穿檔環視抽稱
拆驗均屬結實數餘並無偷減等弊碎石積土
麻觔甎塊均亦實貯在工即飭將春修埽壩趕
鑲完整至兩岸加培土工原擬於桃汛前完竣
因撥款分批起解俱係陸續發辦現飭承辦工
員乘此青黄不接之際附近人夫正賴以工代
賑趕緊雇覓興築恪遵章程薄坯重硪照估趲
辦限大汛前一律竣事不准稍有草率延誤計
自二月二十五日節交清明至三月十五日桃
汛已過各廳報長水尺餘至三尺餘寸不等旋
即見消兩岸工程平穩普慶安瀾洵堪仰慰
聖懷現聞重運軍船即日渡黄臣趕即回濟迎提催
趲並督飭所屬於各幫水手短縴嚴密稽查不
任稍有疎懈所有豫東黄河桃汛安瀾並查驗
各廳工料如式緣由理合恭摺具陳伏乞
皇上聖鑒再臣經過豫東南北兩岸沿途察看二麥
芃茂一望青葱詢因春初雪澤優霑土膏極為

滋潤旬日内再得透雨更可藉資長發定卜有
秋民情極為安貼均足仰紓
宸廑合併陳明謹
奏
知道了

道光二十二年三月　二十　日

八六四

奏

奴才法豐阿跪

奏為現經黃河氷橋消化並無河南野番偷渡搶刦循例撤回防河官兵歸伍操防緣由恭摺具

奏仰祈

聖鑒事竊查每歲冬令黃河氷橋結凍循例派撥西寧河州二鎮官兵二百餘員名協同察漢托洛亥駐防弁兵五百餘員名分佈河干巡查防範以杜野番偷渡搶掠在案去歲九月間奴才照例飭派西寧鎮營署都司王馨蘭河州鎮營署都司李龍各帶兵一百名前往口外協同察漢托洛亥駐防護副將馬奉三督率防所弁兵分佈河干嚴密把守並飭該將等往來認真巡防務

期聲勢聯絡勿致疎虞去後茲據報稱時常督率弁兵實力巡防河南野番並未偷渡滋擾現在氷橋一律消化盡淨邊界甚屬安謐等情前來。伏查青海各旗蒙古仰沐

天恩得以安居樂業莫不歡欣感頌隨將去歲派往防河官兵循例撤回歸伍操防並飭防所官兵仍照舊例嚴密防範外所有現在氷橋一律消化已將防河官兵循例撤回歸伍操防緣由理合恭摺具

奏伏乞

皇上聖鑒再查督臣恩特亨額現在因病出缺無從會銜合併聲明謹

奏

知道了

道光二十二年三月二十八日

八六五

奏

河東河道總督臣朱襄跪

奏為豫東黄河水勢入伏接長督飭鑲護工程平
穩並查驗經過各廳料物恭摺先行具

奏仰祈

聖鑒事竊臣前將二三進軍船出牐過濟並時交伏
汛即赴豫省查驗工料督防大汛緣由

奏報後隨即自濟啟程由單縣上隄歷曹河廳渡
河而南至豫省歸河廳溯查西上抵下南渡至
北岸計南岸歸河商虞睢寧儀睢蘭儀下南六
廳北岸下北一廳先已查閲查黄河來源伏前
已共長一丈三尺餘寸又自六月十一至十八
日疊據陝州呈報萬錦灘長水七次共一丈八

尺六寸武陟沁河於十一十九兩日長水四次
共九尺四寸甘肅寧夏府黄河於十七日漲水
二尺連五月初五至十一日漲水八尺一寸共
一丈一寸已入硤口誌樁十字一刻跡值此沁
黄交漲匯流下注各廳無不接長甚至一日之
内長水七八尺之多並有比諸上年盛長已大
數寸處所實屬異常猛驟前水尚未消盡後水
即已續來湍激奔騰提移不定各廳舊險復生
層見疊出停修埽段多至刷蟄甫入伏汛情形
已如此險要下忱實深惴惴當與該管各道督
率廳營隨時搶護幸漲水漸消得以巻臻平穩
兹就鑲壓穩實者先行勘覈明確另片恭呈
御覽餘俟跟追完竣再行覈奏以杜浮冒其各廳原
奏勘限大汛前辦完之料石甎塊按冊查驗並無
短少此後汛期甚長水勢長發不時正需處處
經心刻刻留意各廳料土用多存少者現據各
道覈稟酌為添辦並循照舊章發銀易錢分貯
最要工廠委員看管不准短少挪移以備緩急

兼派候補府廳及佐雜各員分廳劃段協防又
札委內閣中書孫家良吏部主事嚴文瀚會同
各道上下查防臣復隨時督飭策應務期籌備
周密永保安恬仰副
聖主重工衛民至意至上游各廳臣即日前往逐細
查勘所有入伏後水勢接長各工鑲護平穩並
查過七廳料物情形謹先繕摺具陳伏乞
皇上聖鑒再臣自濟赴豫應順道先查曹糧兩廳因
途中疊次據報上游長水甚驟臣以祥工倍為
緊要是以趕即渡河由南岸徑赴豫中該二廳
工程料物容自上游折回即往查驗臣此次經
過各州縣時雨雖未霑足而土膏滋潤早秋業
已結穗晚秋亦尚芃茂日內再得透雨更可長
發成碩民情亦極安貼堪慰
宸懷合併陳明謹
奏
覽奏均悉

道光二十二年六月　二十七　日

臣朱襄跪

奏再入伏後各廳報鑲之工勘明盤壓穩實者如豫省南岸商虞廳虞城上汛十四堡順水二壩四埽順水三壩上首護厓二埽並順水三壩埽工四段順水四壩迤上空檔即舊磨盤壩迤東空檔埽工三段俱係上年鑲修因溜勢淘刷塌淨補還新埽九段睢寧廳睢下汛六堡挑水二壩並上首順隄頭埽至八埽及該壩壩頭埽工二段均係上年鑲修玆溜勢南趨塌淨補還埽工十段儀睢廳睢上汛二堡順水二壩下首戧壩至挑壩以上舊有埽工十四段於二十年鑲修淤閉兩年底料朽腐水長溜注各舊埽先後刷塌補還新埽十四段蘭儀廳蘭陽汛十堡第一道戧壩並下首空檔北戧頭埽至五埽並七埽第二道戧壩並下首空檔北戧頭二三埽內二三兩埽分上下段及挑水頭壩埽工四段內頭埽三埽亦分上下段皆上年淤閉停修舊底捫朽此次大溜擁注刷塌照舊補還下北河廳

蘭陽汛十三堡順隄頭埽上首埽工七段及邁
埽上首順隄三四五埽又十五堡頭道挑壩埽
三段二道挑壩埽二段十六堡順隄壩埽四段
均係淤閉舊工被溜逼刷匯塌按段補還以上
各工均經該管之開歸道楊以增河北道莊瑤
督飭廳營鑲壓穩實抵禦極為得力合併附片
陳明伏乞
聖鑒謹
奏

知道了

八六六

奏

河東河道總督臣朱襄跪

奏爲節屆立秋豫東黄河伏汛安瀾臣現馳詣上
游及下游未查各廳勘工驗料督防秋汛並續
竅祥河等四廳搶鑲穩定工段恭摺具

奏仰祈

聖鑒事竊臣交伏上隄業將驗收祥工善後各工並
豫省南岸下游五廳下南祥下陳留兩汛北岸
下北一廳增培土工甎石各料及新工壩前溜
勢情形分摺

奏報在案查黄河入伏前後各來源疊次報長異
常迅驟現又據甘肅寧夏府呈報六月二十二
日午時長水一尺二寸河南陝州呈報萬錦灘

於六月二十五日亥時陡長水二尺三寸二十
九日未時陡長水二尺六寸亥時復長一尺九
寸七月初一日辰時續長水二尺初二日申時
又長水二尺二寸黄沁廳呈報六月二十八日
沁河陡長水二尺二寸匯流下注各廳先後又
報長三尺餘寸至五尺餘寸不等浩瀚奔騰極
形險要各廳臨黄埽段業經隨時搶鑲𨍏石各
壩亦俱趕加偎護悉臻穩定蓋汛漲之長落靡
常溜勢之趨向莫定水長則溜勢下移頂衝之
工每虞直注埽工則隨時搶護以期抵禦有資
水消則溜勢上提坐灣之處漸形汞卧壩工則
擇要加拋庶免刷塌滋患總宜察看情形可緩
即緩不任張皇糜費亦不任因循致誤其長隄
無工處所務須節節有人時時留意不敢稍有
懈忽兹已節届立秋豫東黄河伏汛安瀾洵足
上紓
宸廑現據河北兗沂兩道將祥河曹考曹河糧河各
廳伏汛内搶辦工段確勘具稟請

奏前來臣覆加細覈另片恭呈
御覽惟此後汛期正長臣現馳詣各該廳認真查驗
督防諄飭道廳營汛及各委員晝夜悉力防守
勿稍踈懈以副
聖主保衛民生乂安水土之至意所有節屆立秋黄
河伏汛安瀾緣由理合專摺具
奏伏乞
皇上聖鑒再七月初二三等日開封衛輝一帶連得
霑雨察看雲勢濃厚廣遠大河南北可冀霑足
應卜有秋民情亦極歡忭均堪仰慰
聖懷合併附陳謹
奏

知道了

道光二十二年七月　初六　日

再伏汛内豫東黄河各廳續核鑲定工段繕片
恭呈
御覽豫省祥河廳祥符上汛十五堡以上順隄十二
三四埽及迤上空檔埽八段又人字壩上首埽
工四段底料均已搁朽今因大溜測注先後匯
淨趕即按段搶補曹考廳蘭陽下汛頭堡新挑
水壩及新順水壩共埽工八段係屬緩修之工
節因大溜逼刷塌盡照段補還又東省曹上汛
十八堡土壩東面及土壩下首十九堡順隄上
首及二十一堡土壩東面舊有防風埽工四段
歷年緩修舊底朽腐節經汛漲汕刷無存照段
補還埽工長六百二十四丈曹河廳曹下汛五
堡魚鱗頭壩迤下空檔埽工二段六堡碧霞宫
前四埽上下段及五六七埽均係上年停修因
河溜湧激陸續塌盡補還新埽七段糧河廳單
下汛四堡新頭壩頭二三埽及該壩下首人字
壩之頭二三埽俱係歷年停修之工底料搁朽
經溜注陸續匯塌趕緊補鑲新埽六段又單下

汛十六堡迤下起至十七堡下段止一帶隄根窪下前因汛漲出槽灘水匯注該處土性沙鬆迎風撞擊隄身實形喫重擇要新鑲防風埽工二段計長四百七丈五尺得資護禦以上各工均經河北道莊瑤兗沂道陳功先後勘核前來委屬鑲壓平穩理合附片具陳伏乞

聖鑒謹

奏

知道了

八六七

奏

江南河道總督臣麟慶跪

奏為節屆處暑黃河盛漲搶護各工仍在加謹籌
防情形恭摺具陳仰祈
聖鑒事竊臣前將伏汛安瀾緣由具
奏在案嗣疊據河南陝州馳報萬錦灘於六月二
十九及七月初一二初四初七八初十等日共
長水一丈八尺九寸武陟縣呈報沁河於六月
二十八及七月初八初十等日共長水一丈零
四寸鞏縣呈報洛河於七月初三日長水二尺
六寸計旬日內長水三丈餘尺既大且驟以致
江境各廳接長不消上下千餘里普律漫灘紛
紛報險隨派道將馳往各廳督率搶護旋據河

營桊將呂邦治稟馳抵海阜查看各工埽段蟄
塌甚多晝夜搶鑲不能停手因接對岸海安廳
營報稱八套地方溜注塌灘甚為危險該將即
渡河而北會同廳營設法趕辦又據署淮海道
沈鎬淮揚遊擊季承章稟稱馳抵山安廳查看
安東汛婁家莊於閑舊工被溜刷塌潰及隄身
萬分險要隨即搶鑲新埽九十餘丈甫稍平定
而海防廳童營汛夫八堡亦因舊工復出塌灘
潰隄補鑲新埽又據淮揚道恩齡稟桃南廳煙
墩汛林家莊迤下無工處所大溜圈注潰隄生
險搶鑲新埽六十餘丈其桃北廳屬黃家嘴汛
顧家莊工尾向亦無工因河溜北趨搶鑲新埽
一百二十餘丈又據淮徐遊擊盧永盛稟蕭南
廳屬李工二壩上下一帶因灘水寬深風浪撞
刷塌及隄頂忽報腰漏過水趕用棉絮堵塞蓋
以鐵鍋而大隄勢將平漫隨即趕緊加高又據
徐州道毓衡稟宿北廳古城汛夫十九堡無工
處所溜卧塌灘刷及隄身搶鑲新埽一百二十

餘丈此外上自豐蕭下至安阜兩岸各廳臨黃
埽壩頻鑲頻墊無工處所大隄脫坡寄潮滲漏
屢見或加子堰或幫裏戧或鑲防風護埽無如
水勢接長不消截至十五日外南廳順黃壩誌
樁存水四丈四尺四寸已與上年盛漲相等臣
居中策應萬分焦急因查銅沛廳天然閘十八
里屯滾壩本為減漲而設已專弁馳往飭啟俾
資分洩仍當率屬加謹籌防以期仰紓
宸廑所有節屆處暑黃河盛漲搶護各工情形謹恭
摺具陳伏乞
皇上聖鑒謹
奏

知道了

道光二十二年七月　十六　日

八六八

奏

江南河道總督臣麟慶跪

奏為河南防兵已到淮揚地方安定現在嚴緝梟

匪並遵

旨設法招徠情形恭摺覆陳仰祈

聖鑒事竊臣承准軍機大臣字寄七月初七日奉

上諭麟慶奏儀徵揚州漸俱安定現仍加謹防堵一

摺所辦甚好所有團練壯勇之知事王英秀知縣

彭以竺署監掣同知陳廷恩等各團練壯勇或數

百名或千餘名協同守城或率同委員紳士撫慰

居民均屬出力可嘉另片奏催漕來工之投効東

河通判王恩壽告假回徐之分發湖南候補布政

司理問秦廣鏞自備資斧隨營効力所帶壯丁驗

明得力著准其留於南河差遣如江北有警即著
麟慶量才調委一經剿辦得手朕必破格施恩或
逆船偵知江北有備不敢窺伺而該員等捍禦有
功統俟軍務告竣後由麟慶確切保奏候朕施恩
並將此旨傳示該員等以資激勸至梟匪乘機搶
劫必須認真嚴辦毋稍寬縱據奏儀徵匪類爭私
互鬬現在雖已解散仍須加意嚴防至黄河以北
土匪聚衆尤應乘其未發妥速掩捕此時外患未
平斷不可復多內顧著麟慶相度機宜或及時召
募或設法解散或先事捕獲銷患未萌是為至要
所奏漢奸剪髮刺臂身帶腰牌及棺木中暗藏火
礮著飭屬隨時隨地留心訪察惟當持以慎密儻
稍露風聲俾逆夷知我識破勢必改換形跡搜捕
更難著手等因欽此仰見我
皇上洞燭幾先多方
指示跪誦之下欽感難名伏查江面夷船現據報北
岸瓜洲口停泊一隻南岸分泊十一隻其大幫
均駛赴上游約六七十隻文報隔絶不通火輪

杉板在江遊奕倏東倏西江北防守更不容不
嚴臣因前聞有初三内犯之謡密飭署江防同
知雷體乾江防河營守備師長鑣親往查探兹
據禀於初五日改裝乘小舟由廖家溝至霍家
橋見河標把總陳茂雄帶兵駐守遂由沙河口
渡夾江登洲灘居民安堵並詢無夷船竄入當
由石羊溝折回嗣運司但明倫議禀自江通揚
水道一由瓜洲口至三汊河寶塔灣抵南門一
由三江口至宜陵鎮一由八港口至孫汪鎮均
抵仙女廟一由沙河口至霍家橋嚴家橋抵灣
頭閘均屬緊要現在瓜洲口被逆夷占據三汊
河已派揚州營參將繼倫帶兵把總方綱管帶
義勇駐防所有河南兵到應請在三江八港沙
河等口内擇要屯紮就近互為應援並聲明三
汊河三江口各路沉船繫樹拋石設伏等事均
已籌備又派前泰州運判許惇詩奏留遊擊馬
辰會同江都縣於初八日周歷三江口等處復
查加防兹於十二日河南南陽鎮臣都勒豐阿

隨帶署千總常清魁博望巡檢張文蔚及親兵
一百零四名到浦與臣接晤後即囑其星夜赴
揚與但明倫相度地勢扼要防堵隨後兵六百
名分起行走擬到即全令赴揚交都勒豐阿管
帶以資約束臣並親諭各起將弁按名加賞兵
丁嚴申紀律不得在途滋擾現在民情安帖惟
鄉閒鹽梟土匪不免乘機搶竊誠如
聖諭外患未平斷不可復多内顧尤應乘其未發妥
速掩捕臣前奏王恩壽秦廣鏞等捐丁効力兹蒙
恩諭准留差遣並許獎勵當即宣示該員等伏地碰
頭凡在紳民無不𢥞感奮與除王恩壽已派隨
淮揚道恩齡赴高郵防堵外查中河廳屬雙金
閘於六月二十日啟放水歸鹽河正票鹽出場
掣驗綑運之時為淮北財賦所繫風聞沿河周
莊洪家蕩一帶向多私梟必應嚴拿當派秦廣
鏞帶丁會同候補鹽知事蕭鳳孫前往巡緝兹
又有捐納投効河工同知陳榮並奉差來工之
投効東河試用州同王恩沛等情願各捐資團

練壯丁四十名並擡槍十桿呈請自備資斧効
力臣委道考驗丁壯技嫻均即批准飭隨桃源
縣知縣龔照琪等在黄河以北周歷各鄉訪拿
匪類又寶應縣
欽賜舉人朱百谷應升知縣安徽盱眙縣縣丞孫旅
同呈稱募得高寶等湖漁獵水勇六十名並捐
製大擡槍二十桿情願自備資斧効力由道考
驗具稟前來臣查朱百谷係原任尚書朱士彦
之子孫旅平日勤幹當即批准並添派河標外
委許頻幫同管帶留防寶應所有木筏已紮成
十二架當經量驗每架長四丈五尺至五丈不
等寬二丈至二丈四尺不等計三層高約四五
尺隨令雇水勇在水内推行委都司朱得志滿
裝柴草火器順流試放因運河水平溜緩筏大
載重掉轉不靈當飭酌留十大架安泊坐灣處
所以備攔截之用其餘另改二十架以期便捷
時紳民聚觀僉以為然隨有丁憂過浦之山西
候補知州李賡揚奉差來工之投効東河同知

于昌進通判曹文振黄海安各願捐備工價制
錢五千串投効主簿黄銘仁願捐錢二千串又
投効同知孔繼鑅情願捐雇水勇六十名聽用
又投効州同鍾照願捐煉藥火箭三千枝投効
主簿惲保願捐火箭一千五百枝在籍候選雙
月從九品姜淮願捐火箭一千枝俱聲明設有
夷警情願隨筏相機火攻臣查該員等均世受
國恩志切同仇急公慕義此内除孫旅本係河員外
舉人朱百谷同知陳榮于昌進孔繼鑅通判曹
文振黄海安知州李賡揚州同王恩沛鍾照主
簿黄銘仁惲保從九品姜淮均擬請留於南河
差遣以收衆志成城之效又山盱廳同知陳韶
因聞有盗決高堰之謡情願捐製火鎗軍械會
同營員督率河兵加緊巡防並捐制錢四千串
以為防堵費用至儀徵鹽匪臣前曾將就募情
形奏
聞在案繼思既有老大之稱即應有名隨選差幹弁
密往訪得巴桿老一種籍隸湖南永州最多專

住老河影現稱老大者九人熊有成陶林唐正
源劉朝五吴清山李忠伍登雲熊鳳祥陳發其
手下之人共分五曹悉聽指揮已被署監掣同
知陳廷恩召募團練回畨一種大半徐鄧鳳穎
回教居多其頭目聶升耿錦美耿如濚耿錦銳
等四人已被子鹽委員寶山縣主簿湯翁嗣招
致等語旋據陳廷恩稟稱六月十一日夜鹽梟
爭私互鬭後恐其鬭散為夷所用隨密委批驗
所大使程松同紳士陳書玉改裝冒險直入巴
桿老巢穴勸令歸正熊有成等感激情願就募
又以回畨散處江濱頗難偵訪且恐與巴桿老
挾嫌激變當囑湯翁嗣同稅課大使朱大受紳
士吴尊楣等親往勸導並設法解散選練其黨
陶中亮等一百二十人伏查梟匪蔓延已久今
於江海不靖之際竟得悉為我用懇請即先賞
頂戴以繫其心而激其氣臣已批令指保一二
出色者道
旨給予頂戴仍責以立功後再加優賚以勵其餘至

漢奸狡獪異常誠如
聖諭逆夷知我識破勢必改換形跡臣惟有飭屬密
訪以期奸宄潛消閭閻靜謐再揚州防堵分局
據但明倫稟請以因公赴省不能渡江之徐州
府知府顏以燠管理高郵分局經恩齡稟請以
卸署興化縣事上元縣知縣龔潤森管理以專
責成所有地方安定嚴辦梟匪情形謹恭摺由
六百里馳
奏伏乞
皇上聖鑒再准
廷寄御史孫起端請將軍船水手乘時勵用一摺
勅臣密諭總運千總詢訪頭目剴切曉諭庶幾該水
手等不為賊用等因欽此容俟回空船到會同朱
樹李湘棻妥辦合併陳明謹
奏

已有旨

道光二十二年七月　十六　日

臣麟慶跪

奏再臣承准軍機大臣密寄七月初七日奉

上諭有人奏淮揚清江等處向為鹽梟出沒之所儻
被逆夷勾結暗決河隄南則下灌淮揚北則直衝
徐宿為害甚鉅等語著麟慶密飭沿河廳汛員弁
隨時留心查察雖奸夷未必計出於此而豫為防
範自應加嚴但不可使風聲稍露轉啟奸謀也慎
之慎之欽此伏查現值秋汛黃河水勢甚大順黃
壩誌樁已存四丈五尺二寸比上年異漲尚大
八寸為從來所未有拍岸盈隄險工疊報前飭
參將呂邦治馳赴海阜搶辦張莊等工昨護淮
海道沈鎬淮揚遊擊季承章又因山安妻工危
險趕往督廳搶護其上游豐蕭漫灘已派淮徐
遊擊盧永盛親往防守惟水已平隄幾難容納
似此光景溢決尚人力所能防漫溢實屬可慮

臣萬分焦急惟有督飭道將廳營趕緊圍護搶
築于堰竭盡心力期保無虞再臣前接揚州府
知府晏曙東密稟㖆夷因淮揚運河水淺有欲

遣漢奸盜決高家堰之謠臣查本年湖水稍小
智信兩壩現仍堅守其餘堰隄寬厚石工出水
尚高斷非漢奸所能盜決然既有此謠不可不
防已飭該管廳營並防汛委員督率兵夫晝夜
梭巡以昭慎重臣總當欽遵
諭旨密飭所屬隨時留心豫防斷不敢稍露風聲以
期仰副
聖主諄諄訓誡至意理合附片密陳伏乞
聖鑒謹
奏

慎密防範斷不可令人窺破底
蘊反受其害也

八六九

奏

兩江總督臣牛鑑跪

奏為黄水異漲桃北廳楊工漫溢並啟放天然閘等處漫及下游現在會商勘辦幷撫恤被水貧民恭摺由驛馳

奏仰祈

聖鑒事竊照本年入秋以來黄河水勢疊報增長經臣諄飭該管道府廳營加意防守惟以江路梗阻得報未能疾速時深焦慮旋於八月初四日據宿遷縣稟十七日黄河北岸桃源縣境之楊工漫溢致該縣桃園等驛阻水現將北來文報改道南岸遞送並據桃源縣稟漫水由該境崇一等圖匯歸六塘砂礓等河淹及崇一等圖汪

洋一片廬舍田禾多被淹沒災民遷避流離請予撫恤又據徐州道毓衡稟先於七月十五六日連啟十八里屯天然閘以減洩黃漲因水勢過大漫衝閘河西堰現在趕緊搶護並據蕭縣稟閘堰漫溢直衝該境之坊一等里民舍多坍遷居高阜請予撫恤各等情臣接閱之下不勝驚異桃源北岸緊連運河次及六塘砂礓等河今楊工漫水既由六塘等河下注則運河自已被衝回空糧艘定多阻滯北岸下游各州縣被淹之處亦必不少茲僅據宿遷桃源二縣稟報楊工漫溢並未敘明潰口丈尺該管道廳等均未報到莫由深悉當經飛劄行查一面委令候補同知梁佐中馳往會同查勘其桃源境內被水各圖及蕭縣境內被閘河洩水漫淹各里災民據該二縣稟稱已備饘餅蓆片分投拯救仍應急加撫恤俾免失所隨經分咨河臣撫臣等妥辦旋據護淮海道沈鎬稟楊工上下漫口二處直穿中運河衝破遙堤由六塘河下注於海

上口現已掛淤下首蕭家庄口門約寬百餘丈似已分溜並准河臣麟慶抄奏咨會口門尚未塌定現督叅將呂邦治同知陳勲文馳赴該工會同道將熟籌搶辦等情伏查桃北汎防係在黃運之交而刻下又正當軍船回空喫緊之際今漫口直衝運河糧艘阻滯所關甚大臣值辦理防夷事務未得親往勘辦現已節近秋分汎漲漸形衰落飛咨河臣麟慶漕臣朱樹將漫口入運情形詳細履勘熟籌搶堵疏通運道以期糧船及早歸次無誤來歲

正供臣忝任兩江職兼河務未能先事預防咎無可辭應請

旨交部嚴加議處除被水災黎先經河臣提動庫銀委員前赴下游散濟並經撫臣飛飭淮海徐州兩道督率府縣酌帶銀兩分往確勘撫恤似可無虞失所其南北往來文報酌令改道遞送俾免濡滯外所有楊工漫溢並啟放閘座漫及下游現在會籌勘辦濟運及撫恤災黎緣由謹恭

摺由驛馳

奏伏乞

皇上聖鑒訓示謹

奏

另有旨

道光二十二年八月　十六　日

正在繕摺間接據署淮揚道恩齡七月十九日來稟自立秋後旬餘各廳疊報水長該署道馳往分督搶護外南廳順黃壩誌椿截至七月十七日已長存水四丈六尺八寸溯查黃河水勢以嘉慶十八年盛漲之日順黃誌椿存水三丈七尺二寸為最大上年盛漲之日比十八年水大七尺二寸茲比上年又大二尺四寸實為從來所未有大溜浩瀚拍岸盈堤各廳埽壩工程率多平水入水堤則隨加隨矮埽則旋廂旋蟄堤長工多幾有趕辦不及之勢現據桃南廳馳報所管之龍窩汛外南廳馳報所管之南岸汛堤堰均有平漫過水之處情形至為險要當即馳往分督各該廳營撤手跑簰隨水搶加幸得平定仍飭將大堤加築以期堅實等情除飭趕緊加築盡力保衛務保無虞外謹附片具

奏

知道了

八七〇

奏

江南河道總督革職留任臣麟慶跪

奏爲節交霜降黃河長水消落湖運各工修防平

穩恭摺循例由驛具報仰祈

聖鑒事竊照本年自清明起至寒露止工程水勢情

形均經隨時奏

聞在案查黃河發水甚早正月下旬即據萬錦灘報

長二尺五寸入夏以後來源更旺統計甘肅寧

夏府長水三次河南陝州萬錦灘長水三十三

次鞏縣洛河長水二次武陟縣沁河長水十次

共四十八次長水十一丈三尺一寸當伏汛期

内萬錦灘於數時之間陡長八尺五寸已屬罕

覯迨交立秋益形勤驟江境千餘里普律漫灘

異常浩瀚赶將徐城以上之十八里屯滾壩天然閘分啟宣洩仍屬消不敵長兩岸長隄平水入水甚至高逾隄頂二三四尺不等詢之年老弁兵僉謂如此大水從來未見以致上下各廳奇險疊報臣督飭道將等分投搶護心膽俱裂茲交霜降徐州北門工誌樁存水一丈八尺二寸比盛漲時已落一丈一尺八寸上游各廳工程幸保平穩臣仍諄飭廳營照常巡防不容鬆懈至洪澤湖水伏汛不大嗣因籌備空運將山盱禮河堵閉漸見增長西風司令湖隄著重而淮揚運河承受湖水亦關緊要當飭道廳委員等加謹防守現查高堰誌樁存水一丈五尺五寸埽石各工一律穩固高郵四壩俱未啟放下河七邑普得豐收農民感戴

皇仁同聲歡頌邳宿運河夏秋山水疊漲勢甚湧猛盈隄拍岸搶護不遑赶將各閘壩啟放水始漸消旋因秋深源弱又飭堵閉蓄水以濟空運現在軍船暢行堪以仰紓

宸座所有節交霜降黄河長水消落湖運各工修防

平穩緣由謹會同兩江總督臣牛鑑恭摺循例

由驛馳

奏再查上年東河祥工上游防汛出力各員曾蒙

恩獎茲蕭莊失事各員業經叅革而派防黄河上游

及洪湖運河文武員弁奮勉趨公原屬分所應

盡惟本年水大工險且暎夷入江後有七月初

三直抵寶應僞示並盜它高堰之謠防守倍關

緊要該員等往來巡防晝夜不懈實皆著有微

勞可否擇尤為出力者量加獎勵出自

天恩臣未敢擅便伏乞

皇上訓示祗遵謹

奏

另有旨

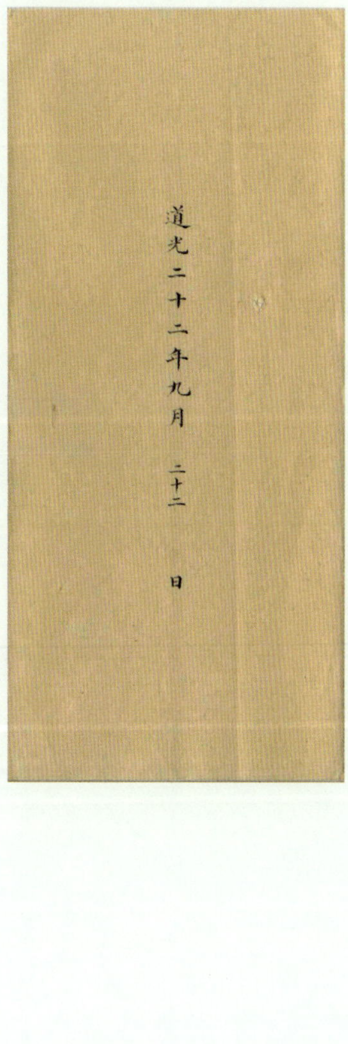

道光二十二年九月 二十二 日

臣麟慶跪

奏再中河豫備灌塘估建草閘壩堰挑河築隄補

還殘缺等工關係緊要因為期甚促遴派員弁

分投興辦責成道將等認真督催並經臣往來

查看辦理均尚妥速昨據各工員次第報竣其

餘應鑲柴壩並盤頭護埽亦俱辦完由道將驗

明並無草率偷減轉稟前來隨即親至工次周

歷復驗飭令按塘鋪水適

欽差尚書臣敬徵臣廖鴻荃行抵蕭家莊漫口臣謹

隨同會勘茲復折回新塘河先啟西岸壩堰放

出回空軍船以次排泊俟有成數即會同漕臣

相機灌渡合先附片陳明伏乞

聖鑒謹

奏

知道了

八七一

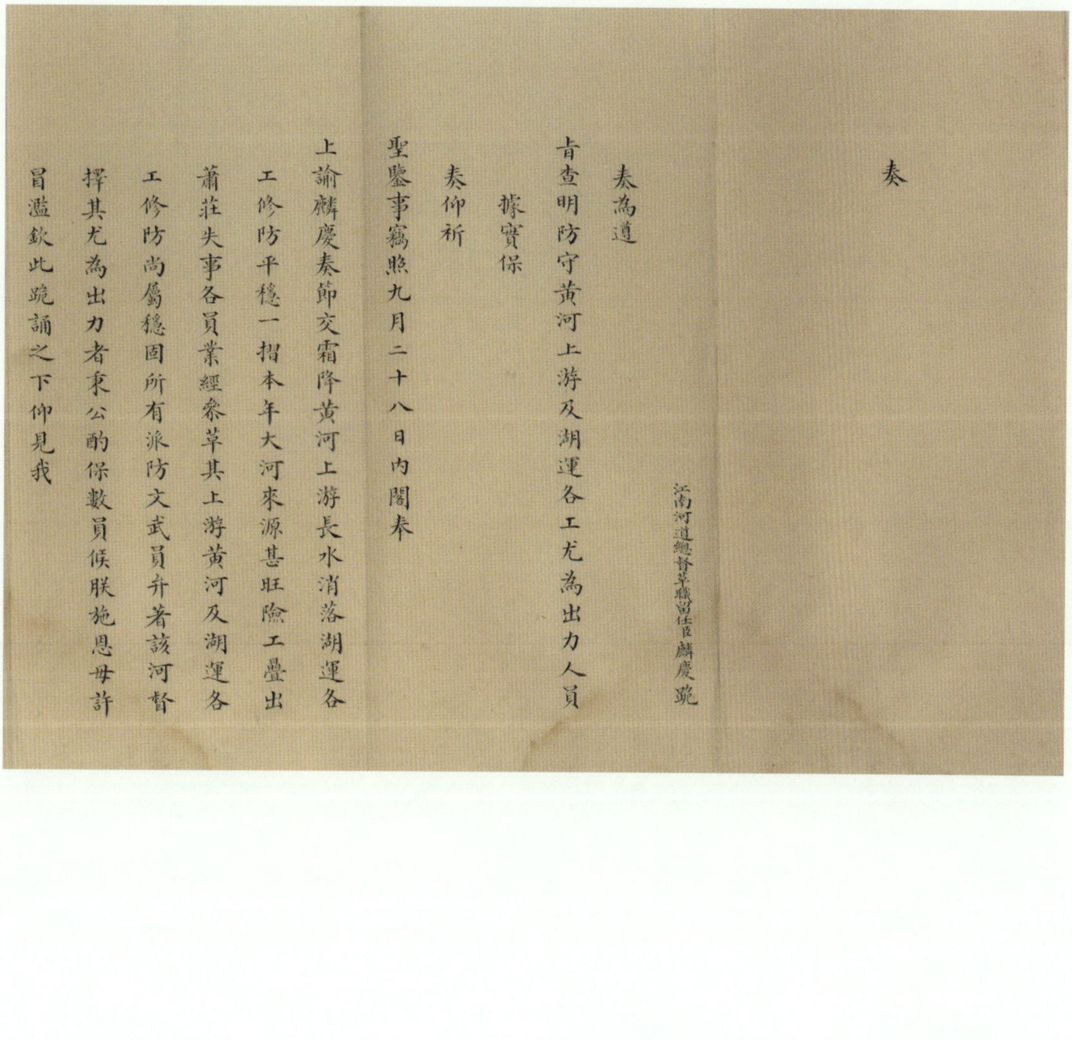

奏

江南河道總督革職留任臣麟慶跪

奏為遵

旨查明防守黃河上游及湖運各工尤為出力人員

據實保

奏仰祈

聖鑒事竊照九月二十八日内閣奉

上諭麟慶奏節交霜降黃河上游長水消落湖運各

工修防平穩一摺本年大河來源甚旺險工疊出

蕭莊失事各員業經參革其上游黃河及湖運各

工修防尚屬穩固所有派防文武員弁著該河督

擇其尤為出力者秉公酌保數員候朕施恩毋許

冒濫欽此跪誦之下仰見我

皇上賞罰嚴明曷勝欽感伏查河員專司修守地方
官例應協防即候補與標營員弁一經派委亦
俱責無旁貸雖有出力之處祇屬分所當爲惟
本年水勢之大工程之險實從來所未見且㘭
夾入江後有直至寶應僞示並謠傳盜宅高堰
深賴厚策厚力晝夜巡防搶護俾黄河上游及
湖運各工得保平穩茲蒙
天恩飭查保奏臣復酌核人數衆多恪遵
聖訓不敢冒濫謹擇其尤爲出力者恭繕名單伏候
恩施至在工學習翰林院編修劉澇兵部員外郎陳
景淳戶部主事金安瀾派委查料防汛並派在
防堵局稽查文案俱屬勤慎但年限未滿應俟
届期另
奏外徐州道毓衡淮徐遊擊盧永盛當黄河異漲
之時督搶險工悉臻穩定應請
賞給從優議叙署河庫道趙廷熙淮揚道恩齡各勤
厥職擬請
賞給議叙其餘出力較次各員容臣分别等第循例

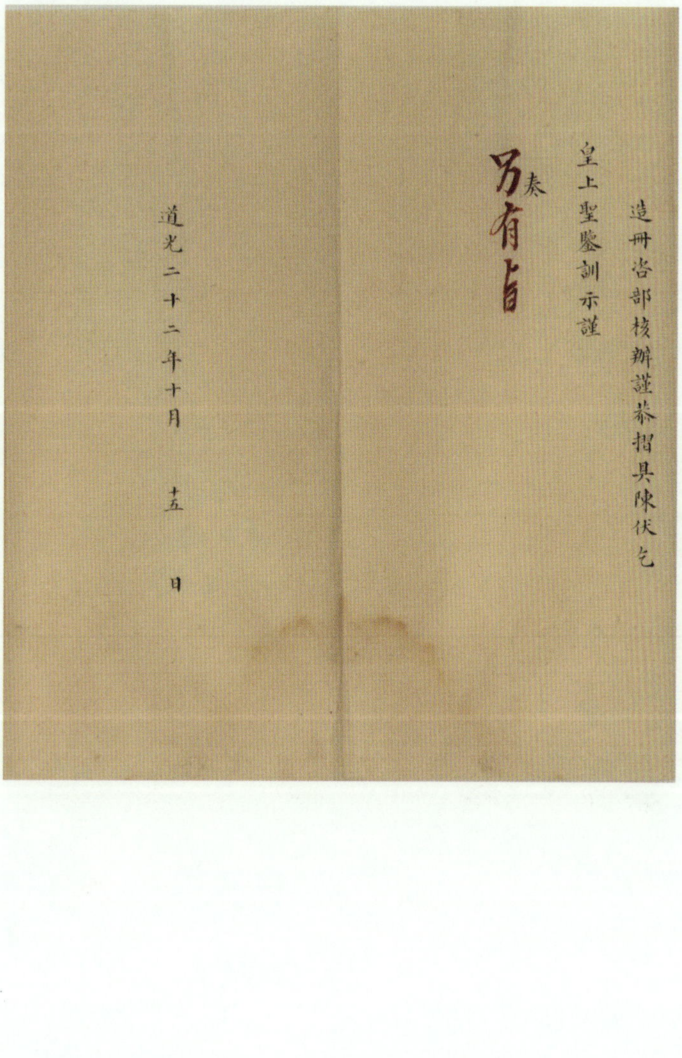

造冊咨部核辦謹恭摺具陳伏乞

皇上聖鑒訓示謹

奏

另有旨

道光二十二年十月　十五　日

八七二

奏

臣敬徵臣廖鴻荃臣麟慶跪

奏為遵

旨查明黃河缺口下游各州縣被淹田地分別輕重

情形據實會

奏仰祈

聖鑒事竊臣敬徵臣廖鴻荃前於九月十二日行抵

平原縣途次恭奉履勘海口及查辦災區

諭旨當即遄行於二十一日到工後分派司員郎中

史溥候補主事王增謙履勘口門上下河勢就

近於桃源清河各縣被水之鎮集村莊詳細訪

查隨會同臣麟慶劄委地方候補同知王夢齡

及前委之護淮海道沈鎬分路確查茲據各該

員稟稱會勘得桃源縣境内黄河北岸崇河鄉之一三六七十一十二等圖順德鄉之一三四五六等圖恩福鄉之一二三四八九等圖地極低窪因漫水下注秋禾悉被淹没廬舍亦間有冲塌情形較重成灾九分又崇河鄉之二四五八九十等圖及順德鄉之二七等圖恩福鄉之五六七等圖因黄水滙歸六塘等河並無隄埝捍禦禾稼亦被淹損情形次重成灾七分又勘得沭陽縣境内東鄉之下寺南保八堰廟鎮塘溝鎮興隆鎮韓山一二三四五六七八保高家溝鎮西南鄉之新挑河南保南鄉之黄軍營鎮十字橋西保東南保棗子埠鎮讀書鎮低村鎮北鄉之東流鎮共九鎮十二保地處低窪始因缺雨繼遭黄水漾漫秋禾無獲成灾五分至清河縣北岸西北鄉之金城永豐新興劉皮淵橋永興六鎮並吴城北岸縣西三莊縣後三莊漁溝西北灣浪石西灣漁溝東南灣安東縣西北鄉陳溪鎮之古寨集蒲潭口鄭家莊徐家圩西

湖莊蔴㮶集磯心灘俞家莊姜家馬棚湖心寺
又岔廟鎮之沈家集周家集佃子廟頭二三圩
虹橋廣佛寺界溝又漁場鎮之灰墩集北陳家
溝王家嘴馬廠溝魚場口萬家圩胡大莊又東
鄉大飛鎮之張家橋楊家旗杆丁塘溝塔溝決
塔費家窰五港鎮之薛家集三里坊羅家冲長
樂鎮之唐田晏家廟北頭關海州東南鄉之新
安莞瀆張家店鐵牛湖坊南崗港河龍苴新壩
板浦大伊等十一鎮西南鄉之中明亭西門石
湫臨洪高橋王家溝卸甲坊平明下坊卓王河
高墟青伊湖東口濫泥洪等十四鎮並興谷房
山南榴白塔埠四東半鎮沭陽縣東鄉之韓山
又三保北鄉之賢官亭中保下保華冲桑墟漢
坊三鎮亦因先旱復被淹浸秋禾間有損傷以
致收成歉薄均屬勘不成災等因稟覆前來臣
敬徵臣廖鴻荃前次履勘海口之便順道體查
情形民情尚屬安帖緣本年黃水下注溜勢平
鋪惟逼近之桃源縣北岸之三鄉被淹較重其

乏食貧民當漫水之初即經臣麟慶撥發銀五千兩委員易錢會同地方官散放撫恤前經

奏明在案今臣等會同核議成灾九分之桃源縣崇河鄉之一三六七十一十二等圖順德鄉之一三四五六等圖恩福鄉之一二三四八九等圖及成灾七分之崇河鄉之二四五八九十等圖順德鄉之二七等圖恩福鄉之五六七等圖乏食貧民擬請分晰極貧次貧自本年十一月起給賑三個月以廣

皇仁俟明年二月再行查明核辦其成灾五分之沭陽縣東鄉之下寺南保八堰廟鎮塘溝鎮興隆鎮韓山一二三四五六七八保高家溝鎮西南鄉之新挑河南保南鄉之黃軍營鎮十字橋西保東南保棗子準鎮讀書鎮低村鎮北鄉之東流鎮共九鎮十二保擬請照例借給來春口糧以資接濟此外沭陽縣之東鄉韓山保等處及清河安東海州等州縣俱情形較輕七月中旬黃水漫溢各處居民先經攜帶口糧陸續遷避

察看現在情形毋須賑恤已飭各該牧令隨時
細心體察酌量稟辦毋許稍有諱飾至被淹較
重之桃源沭陽二縣成災田地應徵新舊錢糧
應請各按照成災分數蠲免緩徵其餘勘不成
災之海州沭陽清河安東四州縣被淹田畝收
成歉薄各鎮集村莊應請將本年應徵錢漕同
各年舊欠並來年新賦一併分别緩徵以紓民
力所有臣等查勘各州縣被水輕重分别賑恤
蠲緩緣由謹合詞恭摺具
奏如蒙
俞允請
旨飭下江蘇巡撫欽遵核實妥辦以仰副
皇上加惠災區之至意謹
奏
另有旨

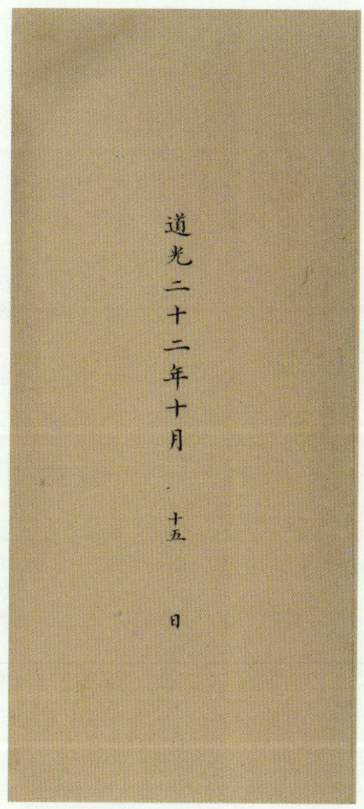

道光二十二年十月十五日

再漫水之初被淹村莊前經臣麟慶
奏明提銀五千兩委員解交地方官多雇小船並
備鍋餅席片散放嗣據該員等稟覆小民尚不
致失所今仰懇
天恩給賑三個月自可接濟所有前由河庫提銀五
千兩臣麟慶情願自行捐備解交河庫歸款不
敢請由司庫開銷撥還理合附片具
奏

知道了

八七三

奏

兵部侍郎署理河東河道總督臣慧成跪

奏為履勘黄河兩岸河勢工程情形豫籌修守恭

摺具陳仰祈

聖鑒事竊臣於本月初三日將接印任事日期

奏報在案臣上隄後先勘祥符大壩察看大溜現

走北厓引溝暢順東趨壩工極為穩固隨即北

渡周歷兩岸挨廳確勘博採衆論虚心講究就

目前之形勢籌往後之修守伏查豫東黄河每

遇盛漲向無牆壩分洩全賴隄工鞏固為之保

障溯自嘉慶二十四五兩年馬工儀工失事後

河身淤墊幾與隄平經前河臣嚴烺於道光元

年起按年奏蒙

恩准大加增培始克高厚崇墉防禦有資得以歲歲
安瀾迨後埽工日增土工日減且每年大汛漲
水漫灘一次即淤墊一次復經上年異常盛漲
以致祥符汛又有漫溢之事迤下河身節節淤
高仰荷
欽派臣到工督辦並蒙
皇上不惜帑金挑挖引河俾黃流挽歸故道暢行無
滯惟所挑引河寬不過數十丈一經放河刷寬
亦不過數百丈而兩堤受淤灘地寬自十餘里
至數十里不等勢不能一律挑除隄工即因之
卑矮目擊情形殊堪悚懼所有兩岸應修卑薄
隄壩卷查除下南一廳歸入祥工善後辦理外
其餘豫東十四廳請辦之工內前河臣文沖先
因工程緊要提前豫辦壬寅年土工銀十四萬
五千餘兩續經朱襄
奏准撥發銀三十六萬六千餘兩擇要增培雖捍
禦有資第兩岸長隄千有餘里未能一律加高
仍有卑矮單薄處所亟應分別緩急豫為籌備

以防來年大汛是估辦癸卯年土工最為當務之急臣此次周歷各工詳察隄壩形勢緊要段落即指令道廳確切勘估並據各該道面稟土工為修防根本祥工漫溢之後下游淤沙停積深厚以致隄頂出於灘面過卑上冬曾經勘估大加增培因當制用孔亟之時前河臣朱襄節次刪減剔緩險要之工尚多本未全行估辦本年盛漲之時已屬處處可危幸長水消退較速得保平安所有例估癸卯年土工若照尋常年分請修土工銀二十二萬兩之數估計險要段落仍未能一律辦理應請量為寬估以重隄工而資保障等語雖與臣親歷察勘情形均屬相符惟念河工修防固屬緊要而

國家經費有常不可不通盤籌計可省即省臣抵署後即歷檢成案查儀工合龍之後道光元年各廳准辦原續估土工銀七十五萬兩之外二年三年仍估土工銀七十五萬餘兩及三十六萬餘兩不等此時原不能任其援案多估如實

有萬不可緩之工亦應酌量增培臣受
恩深重四年之中屢蒙
殊擢雖木石亦應感動況臣具有天良何敢因暫署
河督當制用孔亟之際遂博一時撙節之名視
預估癸卯年土工等於局外致貽後患容俟各
道稟送估册到日再行從實減準循例具
奏雖不能如常年請修土工二十二萬兩之數然
亦萬不敢至上年三十六萬餘兩之多以示限
制至兩岸各廳除臨黄有埽之處外其無工處
所溝槽錯雜一經長水串漫隄根浸泡暗險堪
虞均關緊要現雖水落歸槽灘唇涸露而隄根
積水形若巨湖此等暗險實為河防隱患臣業
已通飭道廳或設法疏消或估築土格編栽柳
壩攔截或於灘水較深之處鑲護防風總當豫
籌於先事以免周章於臨時並董率道廳實力
經理勤慎防範斷不敢稍有懈忽以仰副
聖主平成水土安愈求安之至意所有履勘黄河兩
岸河勢工程豫籌修守緣由謹繕摺具陳伏乞

皇上聖鑒再臣在河南省垣順勘城工業已次第興修在事人員分段督辦尚屬認真合併奏慰

聖懷謹

奏

實力妥慎爲之

道光二十二年十月 二十 日

再臣接准河南撫臣鄂順安來咨欽奉
上諭鄂順安奏節屆霜降豫東黃河普慶安瀾覽奏
欣慰所有在工出力人員著鄂順安慧成擇其尤
為出力者酌保數員候朕施恩毋許冒濫等因欽
此欽遵辦理惟臣到任未久於大汛搶險情形
未曾目擊所有出力人員雖據各該道稟保前
來臣尚須細加察訪並與撫臣鄂順安公同商
定再行會
奏以免冒濫而歸覈實合先附片陳明謹
奏
覽

八七四

奏

臣鄂順安臣慧成跪

奏為遵

旨酌保在工尤為出力人員恭摺具奏仰祈

聖鑒事竊臣鄂順安前於滎陽途次恭奉

上諭鄂順安奏節屆霜降豫東黄河普慶安瀾覽奏

欣慰所有在工出力人員著鄂順安慧成擇其尤

為出力者酌保數員候朕施恩毋許冒濫等因欽

此臣慧成接准咨會跪誦之下仰見

皇上策勵羣工微勞必録通工員弁鼓舞同深伏念

河員修工防汛分所應為即地方並運河人員

一經調派來工協防亦屬責無旁貸豈容妄冀

保薦惟本年黄河長水之勤旺各廳險工之疊

生實為罕有臣慧成雖未目擊臣鄂順安赴河
北閲兵於九月初三日路經工所曾與前河臣
朱襄會晤經朱襄將本年搶辦最險之工及尤
為出力之人一一告述臣等復向各該道面加
考覈俱與前河臣所言無異並據各該道擇尤
稟保前來臣等公同商定除部選江西臨江府
知府留於下北廳任内防汛之龔慶祥搶辦該
廳險工熟諳機宜克臻平穩並能撙節錢糧實
為河工得力之員因該守甫經捐升道員未敢
遽請
恩施議敘外其餘共計十一員尚無冒濫謹另繕名
單恭呈
御覽其次出力人員仍由臣慧成照例分别等第咨
部核辦再查管河各道雖係監司大員而督防
大汛後例應
奏請議敘臣慧成到任未滿三月例不出考臣鄂
順安查得開歸道楊以增老成穩練辦事實心
督防南岸險工悉臻平定且能節省錢糧河北

道莊瑤為守兼優修防熟諳本年所屬下北廳
屢出大險該道不動聲色督辦穩實兗沂道陳
功資俸已深機宜諳練所管各廳連年並未出
險實屬修防得力可否均交部議敘之處出自
皇上天恩所有遵
旨酌保在工尤為出力人員緣由謹合詞繕摺具
奏伏乞
聖鑒訓示謹
奏

另有旨

道光二十二年十一月　十九　日

再查祥工大壩於本年春間堵合之後壩前水
深七丈以外且係挺逼大河情形危險防守實
非易易經前河臣飭令開歸道楊以增督同該
管廳營並添派委員專駐該壩併力巡防已屬
不辭勞瘁更能審察形勢於對岸抽空溝工乘
機啟放竟使全河大溜取直東趨壩前立見停
墊化險為平所用無幾取效甚速且能免用大
壩鑲修之費所省甚鉅各該員等委屬曉暢事
機勤奮出力現據該道另記稟保前來臣等詳
加察訪衆論僉同似應奬其微勞以昭激勸理
合附片恭陳可否仰懇
聖恩准將該管下南同知賴安
賞加升銜下南協備張奇亮遇有都司缺出儘先升
用投効同知王緒昆羅鑲主簿高元莊均留東
河儘先補用之處出自
鴻施謹
奏
另有旨

再欽奉
頒到大藏香十炷臣鄂順安敬謹祗領即親詣省城
河神各廟爇陳
聖敬並咨交臣慧成分齋開歸河北兖沂三道各赴
本工
河神廟潔誠祀謝用答
神庥謹附片奏
聞謹
奏

知道了

八七五

奏

河東河道總督臣慧成跪

奏爲防護黄河淩汛並嚴催辦料情形恭摺具

奏仰祈

聖鑒事竊照黄河修守雖以桃伏秋三汛爲重而淩

汛期内一經冰塊下注臨黄埽段既虞剷傷其

河勢坐灣之處又慮聚積擡水壅遏爲患防範

亦應周密十一月二十一日節交冬至淩汛已

屆正嚴寒冰凍之時臣先經通飭豫東黄河道

廳豫備柳橋窑挂埽前以資攩禦並於坐灣迎

溜處所多備打淩器具遇有冰塊擁集隨時敲

打推行務使順流東注不任停積仍責成各廳

營親身上隄督飭兵夫防護並由道派委投効

試用人員協同巡防不准稍有懈忽兩岸工程悉臻平穩至各廳現購歲添稭料為來年修防要需欲期工固必先料足採辦不容遲緩堆垛尤應堅實臣疊經嚴催趕辦飭令如式堆貯復派委在工學習之內閣中書孫家良吏部候補主事嚴文瀚分赴兩岸查催務依定限於年內辦齊報候臣來春親往挨廳查驗其備防碎石早已分派各廳赴山採運現在據報到工者計有五成仍飭多雇船隻趕緊裒載不任稍有遲延所有防護黃河凌汛並嚴催辦料情形謹恭

摺具

奏伏乞

皇上聖鑒謹

奏

知道了

道光二十二年十一月 二十九 日

八七六

奏

河東河道總督臣慧成跪

奏爲確核豫省黄河南北兩岸各廳道光二十二

年另案搶辦甎埽挑溝各工動撥司庫銀款總

數循例恭摺具

奏仰祈

聖鑒事竊照豫省黄河兩岸每當伏秋大汛遇有搶

辦工程向於司庫動撥銀款應用前於嘉慶十

年及二十一年節經各河臣撫臣議請每年先

於地丁項下提出銀三十萬兩以備搶險之需

俟將次用完體察情形豫爲籌計應需添撥若

干會核具

奏一面行司提取備用各等因先後奏奉

諭旨允准欽遵其道庫所墊不敷銀兩係霜後奏撥還
款歷經遵辦在案查接管卷内本年大河各路
來源長水丈尺並兩岸甎埽各工搶辦情形及
挑溝工程均經前河臣朱襄撫臣鄂順安隨時
奏明其例撥銀三十萬兩除辦石銀十萬兩外餘
於春伏二汛先經支發全完復於七月内
奏准添撥銀二十五萬兩接濟應用所有南北兩
岸各廳另案搶辦甎埽各工並挑溝工程均經
前河臣確核減准臣復逐案覆核另摺奏送清
單計豫省兩岸十三廳實用銀一百萬一百五
十七兩六錢八分六釐内除動用十七年備防
甎值銀三百九十七兩八錢八分四釐十九年
存工甎值銀二千五百四十九兩七錢七分六
釐二十年存工稭料值銀一千五十兩又存工
甎值銀四千七百五十一兩二錢五分二十一
年存工稭料值銀二萬七千九百二十二兩二
錢一分二釐又存工甎值銀三萬二千四百八
十兩三錢六分六釐又存工㳟麻值加價銀二

千二百一十三兩七分又存工麻值銀二千九
百五兩七錢五分計撥用添稭四成銀內酌改
辦甎銀一萬五千三百二兩歲麻加價銀四萬
九千六百八十兩又例撥添撥防險銀除上年
前河臣奏准豫提撥發辦石銀十萬兩另歸石
工案內造報外實歸甎埽工用銀四十五萬兩
共撥過司庫銀五十一萬四千九百八十二兩
除購葦值銀四十一兩八錢六分七釐另歸搶
修案內報銷並現在兩岸各廳用存稭料值銀
一萬八千四百八十兩又用存甎塊值銀三千
七百八十二兩二錢九分六釐有料甎貯工外
應找撥不敷銀四十三萬三千二百九兩五錢
四分一釐以符奏案而清庫款謹循例會同署
河南撫臣鄂順安恭摺具
奏伏乞
皇上聖鑒再查另案不敷銀兩係大汛搶工於道庫
存款內隨時墊發湊用歷年核奏清單後即於
司庫找撥還款仍存貯道庫以便墊發來年工

用合併陳明謹

奏

該部知道

道光二十二年十一月　二十九　日

八七七

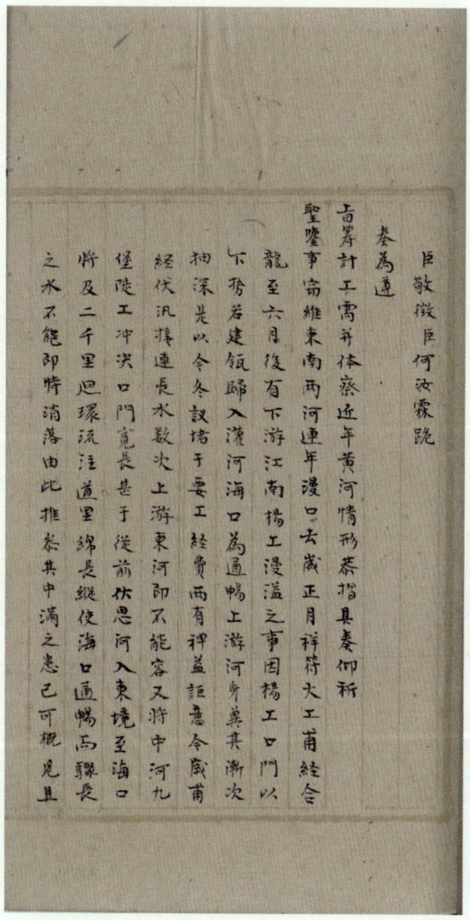

臣敬徵臣何汝霖跪
奏為遵
旨籌計工需并体察近年黄河情形恭摺具奏仰祈
聖鑒事竊維東南兩河連年漫口去歲正月祥符大工甫經合
龍至六月復有下游江南揚工漫溢之事因揚工口門以
下形勢若建瓴歸入灌河海口為通暢上游河身冀其漸次
抽深是以今冬設堵于要工經費兩有裨益詎意今歲甫
經伏汛豫連長水數次上游東河即不能容又將中河九
堡隄工冲決口門寬長甚于從前伏思河入東境至海口
將及二千里迴環流注道里綿長縱使海口通暢而驟長
之水不能即時消落由此推參其中滿之患已可概見且

自嘉慶二十五年儀工合龍以後二十年來竟無水大氐
于去今兩年者皆得保守無虞今修防之費有增而漫溢
疊見自係河底與灘面積淤愈高隄身自形卑矮如從前
容丈餘水之河身今則不過七八尺高出灘面二丈餘之
隄工今則不過丈餘甚至數尺是知寬大之隄防不如河
身深通之可恃惟
國家經費有常東南兩河每歲禦水之需已及數百萬帑金
一經漫溢皆成虛擲而撫邮安黎蠲免錢粮尤不可以數
計即以目前所急之事計之中河漫口若照歷屆成案堵
築合龍必須大挑二堤挑水堤迎溜引河及以下長河間
斷細清兩江南亦必須將楊工口門堅塞堵築以防黃流
下注溜勢奔赴前挺引河苦未挑完原可省費亦宜設法
引水東注不令直逼口門新隄以免他虞是兩河全局皆
有關繫較前次祥工漫口又有不同查祥工堵合之費連
善後共請撥過銀六百五十萬二千餘兩南河奏撥挑河
等費銀一百六十萬兩賑邮款項不在此內我
皇上不惜千萬帑金原為保衛生民河漕并利今將及一載值
此經費支絀之際復煩
宵旰焦勞臣等職司度支更宜仰体
聖懷預為籌畫稍盡愚誠前在齊河知東河復有漫口之事已
極惶駭及至河南境內查勘漫水情形併南北兩灘河勢
更為日夜焦急因知所措且三省交區較廣民困宜蘇現

當制用孔亟之時自應通盤籌畫力求撙節斷不敢拘近
成案多估帑項惟查此次口門寬至三百六十餘丈較祥
工已多數十丈且土性沙鬆築作尤費工力又在祥工上
游八十餘里正河尚未全淤而逕溜東趨仍須相度形勢
改挑引河將來合龍方可得力查祥工錢糧較馬工已屬
節省此次築堤挑河購備物料一切工需遵
旨約畧計算即核實節省亦須在六百萬兩之内查本年五月
撥給南河銀一百七十萬兩業經臣等飛咨江南河道總
督潘錫恩將已經解到者妥爲存貯聽候東河調撥未經
解到者即由該河督轉行各該省迅即改解豫省應用惟
前項銀兩内有江西捐輸錢十九萬四千餘串係由該省
就近解赴南河之款查清江距東河陸路較遠錢數甚多
礙難改解應請
旨飭下南河督臣將前項錢文留工備用即于上年所撥銀二
百萬兩内按照制錢一千易銀一兩共銀十九萬四千餘
兩稟同各省解到銀兩聽候撥用再前議九月内撥給南
河銀二百萬兩本係勘定工需自應改撥東河惟臣等出
京時尚未籌定款項是東河所需僅有南河未經解到之
一百七十萬兩其餘爲數甚鉅亟應先事預籌俾免貽悮
應請
旨飭下戶部悉心籌畫以備要工奏請撥用至東南兩河連年
漫口總由河灘淤高隄身間有單薄所致尤宜于明年大

汛未至以前預加防範酌培隄工庶几永慶安瀾不致虚
糜帑項所有臣等約計工需緣由理合由驛馳奏伏祈
皇上訓示謹
奏
閏七月初五日

八七八

安徽巡撫臣程楙采跪

奏為豫省黃河漫口皖屬界連之阜陽等縣淝河水勢增長尚未漫淹現在飭查辦理恭摺奏

聞仰祈

聖鑒事竊照本年皖省麥收中稔入夏以後雨水調勻江水漲至八分旋長旋落高低田畝早稻業已登場中晚二禾亦將吐穗江北淮河水勢較上年稍大於農田尚不相妨早穀高粱長發暢茂方冀得獲豐收藉蘇民閒積困詎於七月十一日酉刻准署河南撫臣鄂順安來咨本年六月二十七日中牟汛九堡漫口決隄掣動大溜水由東南下注勢甚洶湧咨會防護等因臣接閱之下不勝駭懼伏查中

阜為皖省潁鳳泗三府州上游者黄水散漫奔趨其勢建
瓴而下不特潁屬致受淹浸即鳳泗等屬亦有害於民舍
田廬關係極為緊要何以事閱半月之久尚未據各屬稟
報雖阜亳等處距省較遠亦不致如此濡滯臣於准咨後
即刻遴委臣標左營把總金彪星馳前往潁屬沿淮州縣
察看情形迅速稟報再者入鳳泗等屬查探確情一面分
行司道飭府查辦去後茲於十二日酉刻接亳州初二日
稟報各河道未見黄流旋又據署潁州府知府李士林署
阜陽縣知縣黄鳳樓等稟報初四日辰刻阜陽北門外之
淝河水勢陡長六尺有餘色黄濃濁查係豫省黄河漫口
奔注之水是晚水勢已定民地尚未漫淹並據下游之潁

上霍邱所稟情形畧同惟太和縣與豫毗連上年河決祥
符該縣被淹最重何以此次尚無稟報當即飛檄該道府
督飭各州縣一体小心防護並查探水源盈縮究於何處
入境何處停淤隨時妥為辦理江北民風剽悍自上次被
災之後元氣未充今豫省黄水潰隄深慮匪徒勾結皖屬
游民乘机滋事夏初臣於閲伍之便諄飭文武將江北著
名巨匪悉數究拏現雖獲犯多名匪党均經斂跡究尚有
一二名漏網仍督令設法緝拿並檄藩臬兩司遴選幹練
之員馳赴江北地方會同各州縣撫輯窮民嚴禁棍徒扰
害事関民瘼斷不任絲毫諱飾亦不准稍涉張皇除俟查
明黄水消長各情另行續報外合將准咨查辦緣由據實

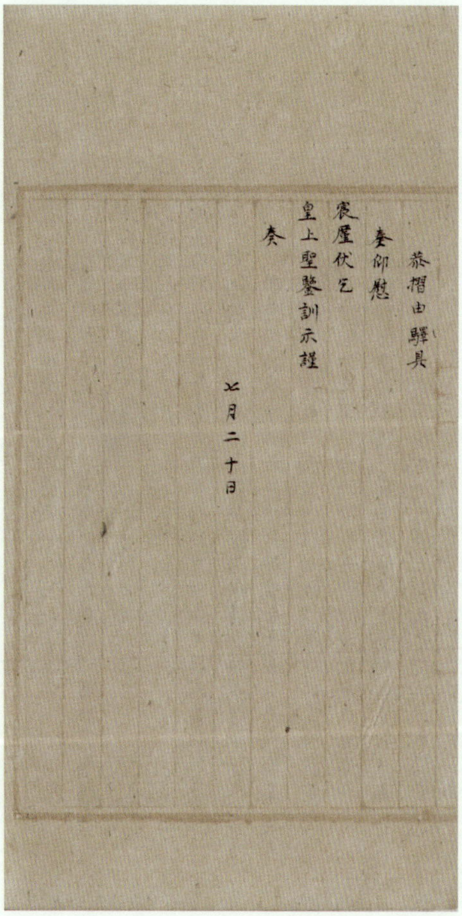

恭摺由驛具
奏仰懇
宸厪伏乞
皇上聖鑒訓示謹
奏
七月二十日

八七九

署理河南巡撫臣鄂順安跪

奏爲黄河漫口省城保護無虞並委員馳赴下游一帶分別

極救安民情形恭摺

奏祈

聖鑒事竊照六月二十七日黄水盛漲中牟下汛九堡漫口漫

水泛從曾將臣回省保護城垣及委員極撫各緣由恭摺

奏報在案查此次漫水係由祥符縣境向東南下注直至省

垣護城隄根幸而該隄已于六月初六日修理完竣不致

漫灌入城臣回省後當即周歷看查護隄東北兩面並未

被水西南兩面全隄皆爲水浸計深自三四尺及丈餘不

等南面蘇村地方係二十一年大溜出口之處地甚低窪

水勢緊急致將隄外埽坡刷去四百餘丈當督同司道府縣並撤調下南廳同知賴安儀雎廳通判左廷賓帶同弁兵馳赴省城購料集夫在於隄内加幫後戧隄外廂築埽段並做甎垻三十餘道竭不晝夜之力業已一律高厚足資捍禦省城可保無虞現在人心安定貿易如常惟秋汛方長水勢長落靡定仍派員在隄日夜防守臣並隨時親往查看不敢稍存懈忽隄外居民俱已搬至隄上搭棚住宿每日按名散給饝餅俾資餬口至大溜係由祥符縣屬之朱仙鎮下趨該鎮向為商賈聚集之所人烟稠密刻下東街一帶被淹較重西街地勢高阜鋪戶居民均在該處棲止臣先已行司遴委文武多員雇備船筏攜帶饝餅錢文分投馳赴該鎮及下游一路拯救撫卹一面令將水勢經過處所被淹輕重情形星馳稟報現在已據中牟陳留二縣具稟水由該縣境內經過於城垣尚無妨礙惟通許縣水由西北鄉圍繞城垣直趨東南情形較重現由省委員前往協同該縣竭力搶護務保無虞此外大溜經過地方因被水阻隔各州縣尚未報齊揣度形勢仍由下游安徽一帶歸入洪澤湖俟各屬報到時再行

奏所有省城防護無虞及現辦拯撫情形理合恭摺具

奏伏乞

皇上聖鑒謹

奏

七月二十一日

八八〇

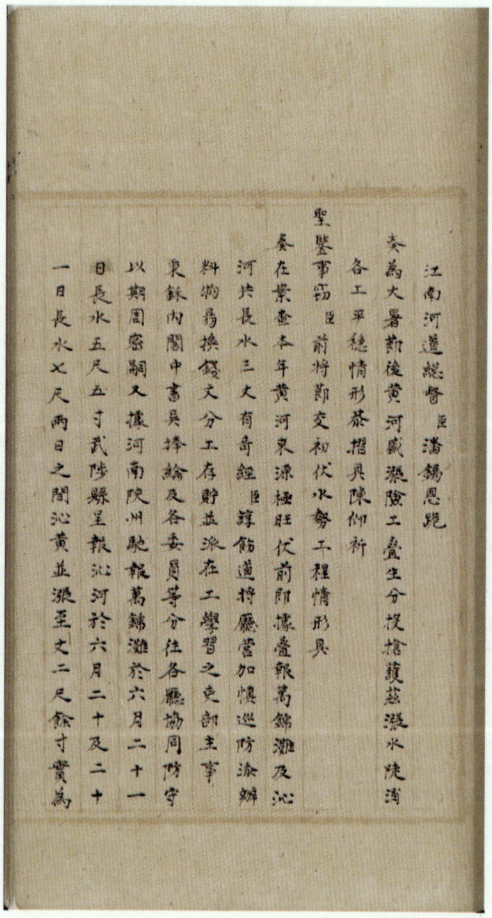

江南河道總督臣潘錫恩跪
奏為大暑節後黃河屢漲險工疊生分投搶護茲漲水陡消
各工平穩情形恭摺具陳仰祈
聖鑒事竊臣前將節交初伏水勢工程情形具
奏在案查本年黃河來源極旺伏前節據疊報萬錦灘及沁
河共長水三丈有奇經臣嚴飭道將廳營加慎巡防添辦
料物易換錢文分工存貯並派在工學習之吏部主事
東録內閣中書吳棒綸及各委員等分住各廳協同防守
以期周密嗣又據河南陝州馳報萬錦灘於六月二十一
日長水五尺五寸武陟縣呈報沁河於六月二十及二十
一日長水七尺兩日之間沁黃並漲至丈二尺餘寸實為

罕見為之大雨時作坡水滙注以致江境河水撥長徐州北門工誌樁積存至二丈四尺各廳普律漫灘異常浩瀚邳宿一帶逼近蕭家莊口門幸河底跌深尚堪容納而溜勢变迁提移不定據署徐州道晏騰東及各廳營先後禀報邳北廳五工頭汛兵一堡工頭迤下宿南廳周家樓汛平家莊洋河汛晏家馬路均係淤閉舊埽溜刷塌並間潰及無工處所又睢南廳王家堂汛夫十七堡各壩空檔宿北廳古城汛蔡家莊舊埽迤下皆無埽工因河溜裹卧塌灘潰隄情形俱屬險要當即分別搶鑲新埽長六十餘丈至一百二十餘丈不等其宿北廳黽河汛兵二十二堡曾於道光二十一年築壩九道挑溜甚為得力茲緣水長溜益下移添做柴壩十五道並於壩外酌拋碎石上游豐北蕭南銅沛等廳皆緣灘水漾抵隄根祀 着重擇要搶廂防風又據淮海道趙廷熙禀桃北廳蕭家莊口門東西兩岸裹頭護埽被溜刷蟄隨即加廂其無埽之處隄坡潰塌趕緊添做護埽分別擇要拋石又於東岸舊河內估築攔壩以禦黃流此外各廳臨黃埽壩此廂彼蟄不能停手適值漲水陡落各工始臻平穩至洪澤湖水日漸增長高堰誌樁現存水一丈七尺三寸湖隄䇿固惟裏河廳東清壩為運口門户刷蟄單矮亟應加廂又該廳及下游揚河廳均承受洪湖之水迭見加長各汛兩岸長隄迎溜掃灣處所汕刷堪虞應廂護埽防風據該管淮揚道樊師仲具

稟前來即經批飭撙節趕辦以期無誤無糜時當大汛臣
惟當督飭所屬加謹巡防不容稍懈所有黃河盛漲搶護
各工平穩緣由理合恭摺具
奏伏乞
皇上聖鑒謹
奏
七月二十一日

覽承彥片

再臣聞疏通黃河之法與運河不同運河無來源其水平緩可以操縱由人如山東之閘河江南之徒陽運河皆地近江湖易于宣洩均可空出河身施工挑挖黃河巨流勢不能仿照運河辦理惟有挖沙船及混江龍可以蕩疏淤塞又切灘一法從河唇兩旁挑挖其近水處僅留一線草堤待其自行衝刷此皆南河辦有成規舊案載在方略奏疏今陝州小函關河道果有梗阻不能暢流之處似可循照疏治請一併

飭令查勘之大臣酌量辦理似于全河不無裨益且現今天寒水淺試行較易理合附臣所聞者附陳

聖鑒謹

奏

八八二

掌陝西道監察御史臣齊承彦跪

奏為黄河上游閘有淤塞情形應令在工大臣會同河臣就

近查勘以防後患而保安瀾仰祈

聖鑒事竊本年六月二十七日河南中河所九堡隄頂過水奪

溜致成漫工已蒙迭次

欽差大臣前往查辦不惜數百萬帑金仰見我

皇上治河安民恤災捍患之至意現當霜清水弱購料興工自

不難赶期合龍俾豫省窮黎安居樂業罔深感戴矣但臣

風聞七月十四日陝州萬錦灘異常泛漲被淹州縣二十

十餘處著名村鎮二百數十處又陝州所屬之靈寶縣亦

因是日黄河陡長西去浸入小函關數里土山坍塌逼東

東淹至縣城之西門口水深丈餘正河斷流黃水由西南
南一帶下注裹江此明係土山塌入河身故河水倒流為
患為向來所未有臣聞黃河由甘肅入潼關流至河南之
陝州一路建瓴而下到此則浩瀚奔騰故定例萬錦灘設
立誌樁每逢長水若干尺寸即馳報南北兩岸各道所加
意防守由東河直傳至南河而止是陝州萬錦灘上承甘
甘肅之來源下達全河之去路而中間全恃此一線之咽
喉傳送上下游數千里之洪濤激溜其通塞斷關為何如
險要即禹貢所謂底柱今陝州之三門山是也今聞小函
關土山坍塌自必淤墊壅塞水勢斷難暢順況現在業經
過水仍流至漫口而出第該處與山西之中條山地脈相
連土性極為堅寔所應河底及兩灘過流之處一時未能
刷通況該處中泓本窄在目前天寒水小自不至別有他
虞而來年伏秋大汛如遇非常盛漲挾沙帶泥而來倘再
有壅阻勢必倒漾逆行又如今年四七月十四日之事與其
臨時竭蹷糜帑病民何如未雨綢繆有備無患現在興辦
九堡大工應請
旨飭令在工大臣會同河臣就近查勘如果小函關淤墊屬寔
即應乘此天寒水小之時設法排濬務使全河咽喉傳送
之區暢行無阻則此後河流順軌永慶安瀾矣臣為河工
思患豫防起見是否有當伏乞
皇上聖鑒訓示謹

奏

九月初八日

潘錫恩片

再江境黄河各所長隄上年經

欽差侍郎臣成剛等會勘先將最要之宿南北以下八所奏蒙

恩准撥款增培其上游豐北蕭南銅沛邳北睢南五所及下游

海安海阜二所隄工

奏明暫行删緩歸入常年核減另办在案茲臣親履復勘寔

有殘缺卑薄之处亟因應乘此河未復故擇要帮加厚將

來挽黄歸正得資抵禦而兩岸窮民向以畚鍤為生者亦

可就近趂食以工代賑所需銀兩即于河庫動支無庸另

撥現批該管道造册具稟前來除核減估冊與办外合

謹附片陳明伏乞

聖鑒謹

奏

二十八日

八八四

鍾祥　凌汛安瀾由

奏〇

正月十六日

二品頂帶暫留河東河道總督臣鍾祥跪

奏為恭報黃河凌汛安瀾仰祈

聖鑒事竊照上年凌汛期內督飭防護情形於十

一月十六日附片具

奏在案維時氣候嚴寒冰凌絡繹下注防守倍

為緊要先經飭據各廳稟報將臨黃埽段動用存

工舊料量為鑲高釘樁掛柳擋護不致刷傷其

河勢坐灣之處積存冰塊隨時敲打推行並無壅

遏之患現在河槽較為深通下游各廳禦水

埽工業已分別拆鑲加鑲高墊足資抵禦時值

立春河冰融解安瀾順軌兩岸隄埽工程悉臻

平穩洵堪仰慰

聖懷。至各廳歲料為汛修守要需，據下游各廳先後具報採購全完，其上游各廳須赴遠處採辦，現飭趕購，不任藉延，俟後一律堆齊，臣再挨廳覈實驗收，並飭將麻觔、積土一併分別購積。碎石一項為備防之需，亦已發銀採運，勒限出旋。黃流初復，防範宜周，臣惟當督飭道廳將修守各宜處處預為籌備，不敢疏忽，以期仰副

聖主重衛民平成水土之至意。所有黃河凌汛安瀾緣由，謹恭摺具奏，伏乞

皇上聖鑒。謹

奏

道光二十五年正月十六日奉

硃批：知道了。欽此

賈和高

八八五

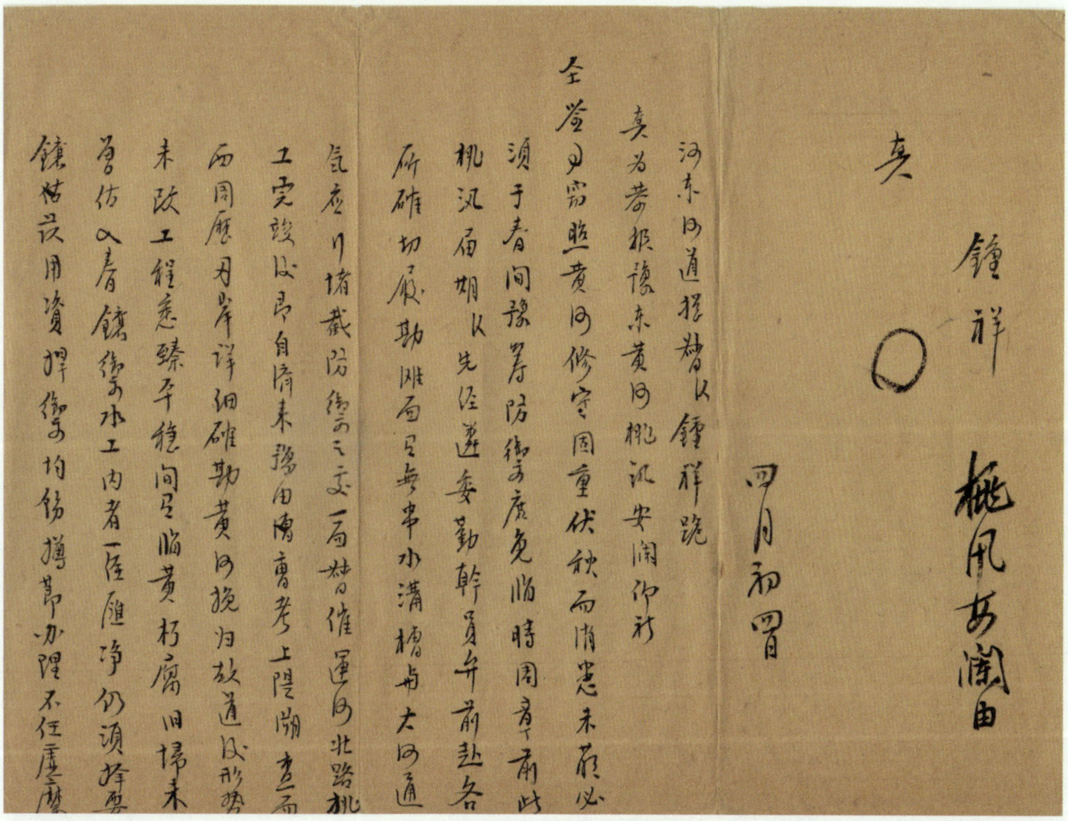
鍾祥
奏
〇
桃汛安瀾由
四月初四

河東河道總督臣鍾祥跪
奏爲恭報豫東黃河桃汛安瀾仰祈
聖鑒事。竊照黃河修守，固重伏秋兩汛，而消患未萌，必
須于春間豫籌防禦，庶免臨時周章。前此
桃汛届期，臣先經遴委勤幹員弁，前赴各
所確切履勘，雖灘面已無串水溝槽，而大河通
氣處所堵截防禦之處，一面督催運河北路桃
工完竣，臣即自濟來豫，由曹考上隄湖查而
而周歷兩岸，詳細確勘，黃河挽歸故道，形勢
未改，工程甚臻平穩，間有臨黃朽腐舊埽，未
曾估入春鑲修守工內者，一經塌淨，仍須搶要
鑲估，設用資捍禦，均飭撙節辦理，不任虛縻

其委員會所查明雖面溝形危險等工始擱截
之處以及督同該處各道覆勘核實估辦並確
查向來雖面係窪伏秋盛漲出槽隄根積水
寬深之處酌鑲防風埽段接長以期隱患
悉除至本年土壩合龍以後屢加鑲追壓
大工隄左一律鞏固壩前水勢雖深早已
歸黃水大溜緊抱北岸順直暢達東注其
善後工程已據次第具報興築本係
專派責成開歸道王壽昌督辦並慧成亦駐工督
催現在王壽昌等
奉旨簡放廣西按察使自須交卸新任開歸道
福楨已調至工次以將善後各工一一指示令其
接手以專駐工隨同慧成認真督飭毋得不任稍
有遲延又各營弁兵遇有鑲埽修工資其
力作必須常住在工設有怠玩因循應輕是
以以先經照會功懲章程飭令各道隨時查
察考覈務期賞罰平允俾知勵揚旌揉
河北道龔慶通詳具于陽春風額外外

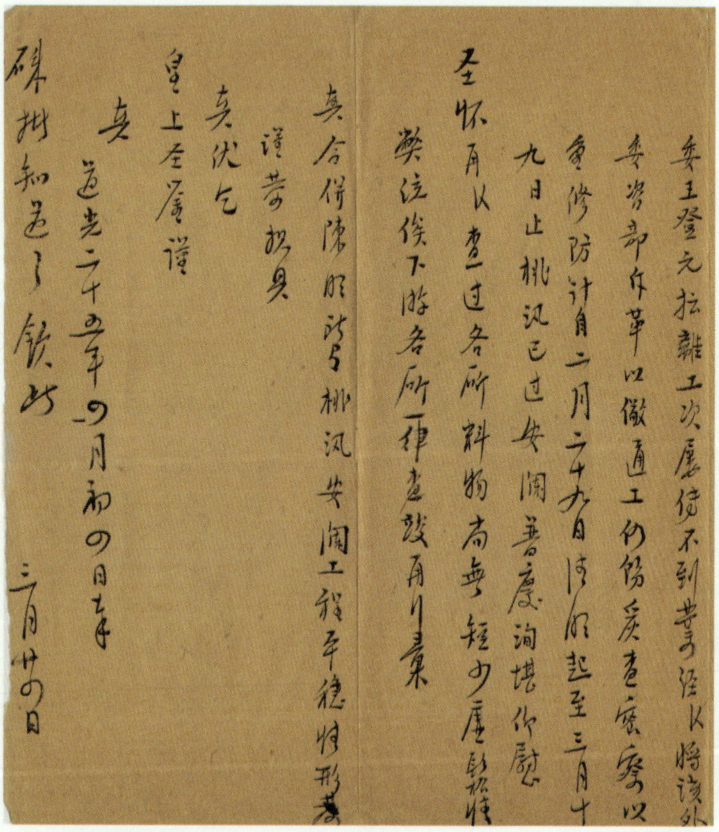
委王登元於雜工次屢催不到業經以將該外
委咨部斥革以儆通工仍飭廳查察以
重修防計自二月二十九日淩汛起至三月十
九日止桃汛已過安瀾普慶詢堪仰慰
聖懷再以查過各所料物尚無短少應飭將
淤墊後下游各所一律查勘再行稟
奏合併陳明所有桃汛安瀾工程平穩情形恭
謹恭摺具
奏伏乞
皇上聖鑒謹
奏
道光二十五年四月初四日奉
硃批知道了欽此
三月廿四日

八八六

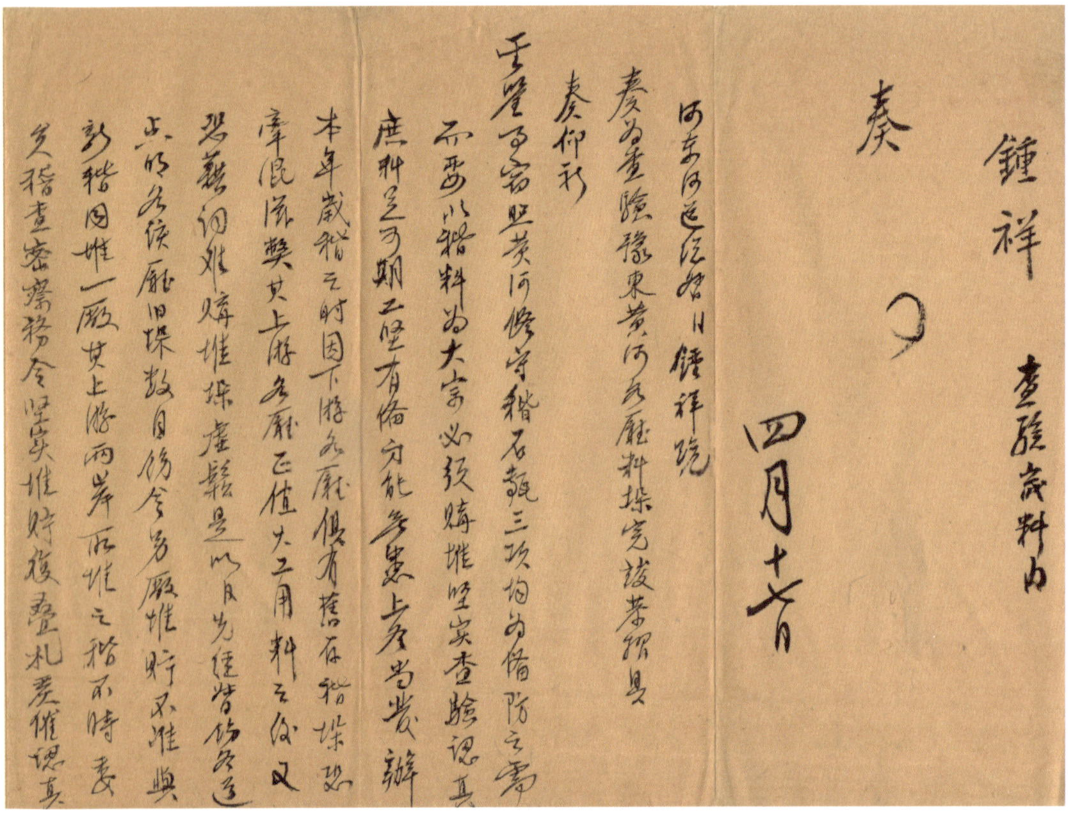

鍾祥 查驗歲料由

奏

四月十二日

河東河道總督臣鍾祥跪

奏為查驗豫東黃河各廳料垛完竣恭摺具

奏仰祈

聖鑒事竊照黃河修守稭石甎三項均為備防之需

而要以稭料為大宗必須堆垛堅實查驗認真

庶料足可期工堅有備方能無患上屆當歲辦

本年歲稭之時因下游各廳俱有舊存稭垛恐

率混濫報其上游各廳正值大工用料之後又

恐藉詞難購堆垛虛鬆是以臣先經皆飭各道

止將各該廳舊垛數目飭令另廠堆貯不准與

新稭同堆一廠其上游兩岸所堆之稭亦時委

員稽查密察務令堅實堆貯復疊札嚴催認真

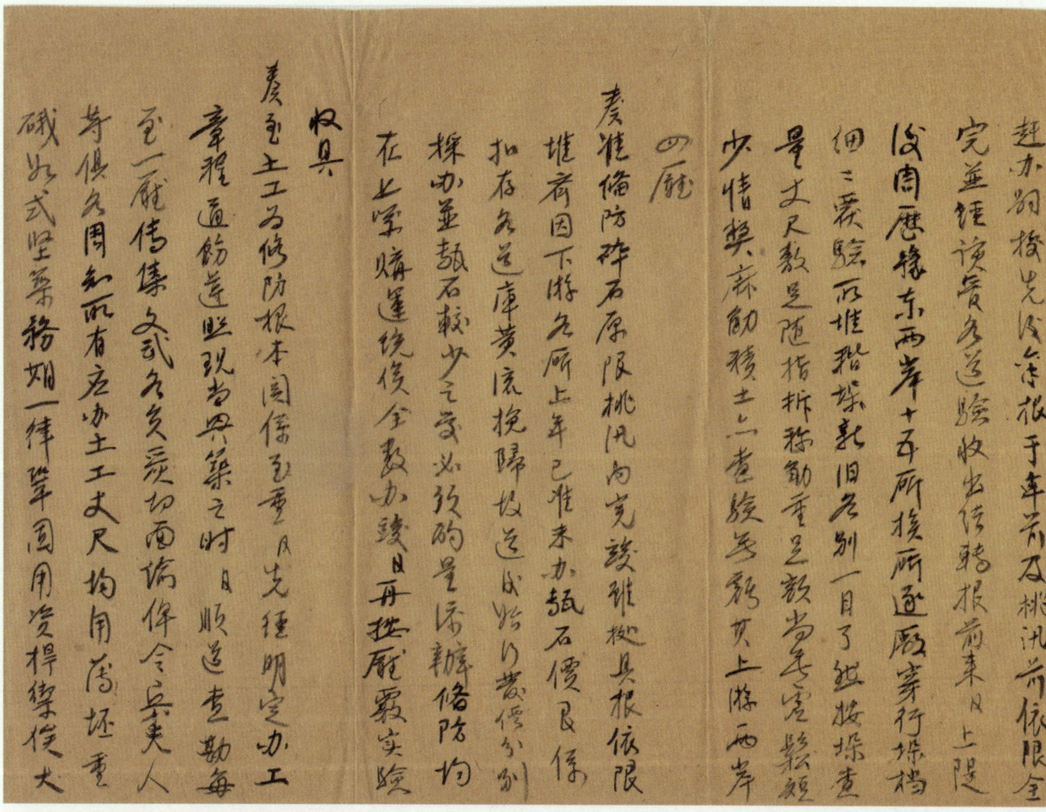

趕辦齊撥先儘各該限于來前及桃汛前依限全
完並飭該管各道驗收出結轉報前來臣上隄
後周歷豫東兩岸十五廳所撥所運廠垛行探揣
細細覈驗所堆稭垛新舊各別一目了然按垛查
量丈尺數足隨指拆稭勘重足數尚無虛鬆短
少情弊並飭積土亦查驗無虧其上游兩岸
四廳
奏准備防碎石原限桃汛內完竣雖據具報依限
堆齊因下游各廳上年已准未辦較石價銀係
扣存各道庫黄流挽歸故道成灘仍甚儹分別
採辦並較石較少之處必須酌量添辦備防均
在上緊購運俟全數辦竣臣再按廳覈實驗
收具
奏至土工為修防根本關係至重臣先經明定辦工
章程通飭遵照現當興築之時臣順道查勘每
至一廳傳集文武各員反復切面諭俾令兵夫人
等俱各周知所有應辦土工丈尺均用舊坯重
硪如式堅築務期一律葦圓用瓷桿俟大

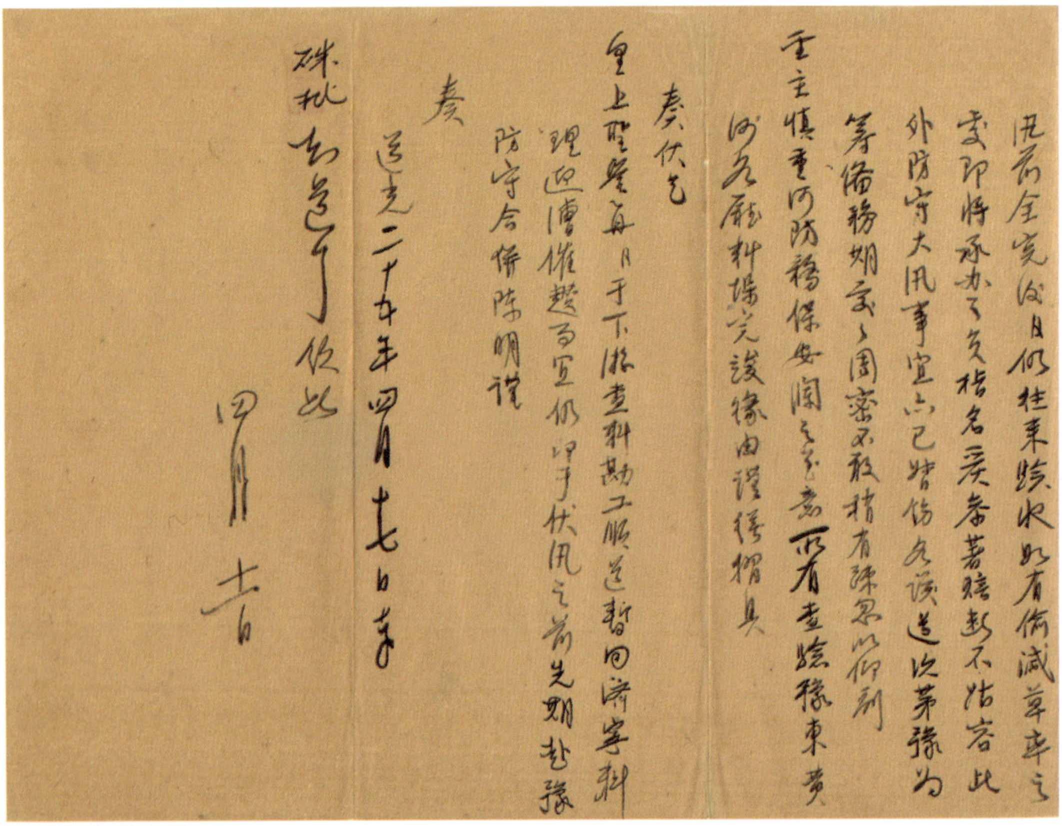

汛前全完竣，日仍往來稽查，如有偷減草率之處，即將承辦之員指名嚴參，著賠斷不姑容。此外防守大汛事宜亦已嚴飭各該道、廳等豫爲籌備，務期處處周密，不敢稍有疎忽，以仰副

聖主慎重河防務保安瀾之至意。所有查驗豫東黃河各廳料垛完竣緣由，謹繕摺具

奏。伏乞

皇上聖鑒。再，臣于下游查料勘工，順道暫回濟寧料理運漕催趲事宜，仍即于伏汛之前先期赴豫防守，合併陳明。謹

奏。

道光二十五年四月十七日奏

朱批：知道了。欽此。

四月廿日

八八七

奏

河東河道總督臣鍾祥跪

奏為查驗豫東黄河各廳料垛完竣恭摺具

奏仰祈

聖鑒事竊照黄河修守稭石甎三項均為備防之需而要以稭料為大宗必須購堆堅實查驗認真庶料足可期工堅有備方能無患上冬當發辦

本年歲稭之時因下游各廳俱有舊存稭垛恐牽混滋弊其上游各廳正值大工用料之後又恐藉詞難購堆垛虚鬆是以臣先經督飭各道點明各該廳舊垛數目飭令另廠堆貯不准與新稭同堆一廠其上游兩岸所堆之稭不時委員稽查密察務令堅實堆貯復叠札嚴催認真

趕辦嗣據先後稟報於年前及桃汛前依限全完並經該管各道驗收出結轉報前來臣上隄後周歷豫東兩岸十五廳挨廳逐廠穿行垛檔細細覆驗所堆稭垛新舊各別一目了然按垛查量丈尺數足隨指折稱觔重足額尚無虛鬆短少情弊麻觔積土亦查驗無虧其上游兩岸四廳奏准備防碎石原限桃汛內完竣雖據具報依限堆齊因下游各廳上年已准未辦甎石價銀係扣存各道庫黃流挽歸故道後始行發價分別採辦並甎石較少之處必須酌量添辦備防均在上緊購運統俟全數辦竣臣再按廳覈實驗收具奏至土工為修防根本關係至重臣先經明定辦工章程通飭遵照現當興築之時臣順道查勘每至一廳傳集文武各員嚴切面諭俾令兵夫人等俱各周知所有應辦土工丈尺均用薄坯重硪如式堅築務期一律鞏固用資捍禦俟大

汛前全完後臣仍往來驗收如有偷減草率之
處即將承辦之員指名嚴參著賠斷不姑容此
外防守大汛事宜亦已督飭各該道次第豫為
籌備務期處處周密不敢稍有疎忽以仰副
聖主慎重河防務保安瀾之至意所有查驗豫東黃
河各廳料垛完竣緣由謹繕摺具
奏伏乞
皇上聖鑒再臣於下游查料勘工順道暫回濟寧料
理迎漕催趲事宜仍即於伏汛之前先期赴豫
防守合併陳明謹
奏

知道了

道光二十五年四月　十一　日

八八八

廿三年覆南河周過

潘錫恩
手稟四

奏

一本 等一件 抄單繳進

五月初一日

江南河道總督臣潘錫恩跪

奏爲核明道光二十三年冬江境黄河各所鑲做

禦水埽工動用本料循例開單恭摺具

奏仰祈

聖鑒事竊照江境黄河上自豐碭下至桃源計程六百

餘里兩岸埽壩櫛比二十三年七月因豫省中牟

失事下游溜水陡落隨時攀舊停修朽墊之段

甚多是年冬查明必須鑲修以備黄流下注

除于河庫例收外准欠款内酌籌二十萬兩

備提墊用並請添撥足十五萬兩飭令道

所購辦料物趕鑲完竣具經

奏報飭據署淮徐淮揚淮海三道

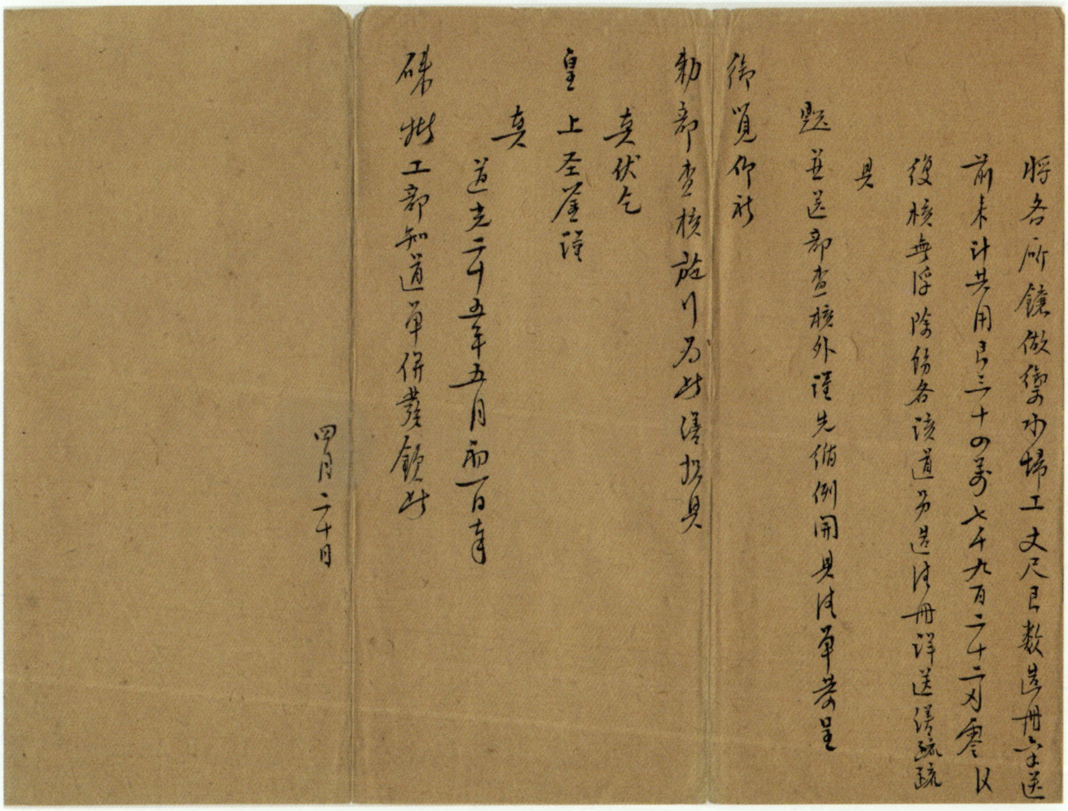

將各所鑲做埽工丈尺銀數造冊咨送
前來計共用銀三十四萬七千九百二十二兩零以
復核無浮除飭各該道另造清冊詳送請疏
具
題並送部查核外謹先循例開具清單恭呈
御覽伏祈
敕部查核施行為此謹摺具
奏伏乞
皇上聖鑒謹
奏
道光二十五年五月初四日
硃批工部知道單併發欽此
四月二十日

八八九

奏

江南河道總督臣潘錫恩跪

奏為核明道光二十三年冬江境黃河各廳鑲做
禦水埽工動用錢糧循例開單恭摺具
奏仰祈
聖鑒事竊照江境黃河上自豐碭下至桃源計程六
百餘里兩岸埽壩櫛比二十三年六月因豫省
中牟失事下游漲水陡落隨飭緊行停修朽蟄
之段甚多是年冬查明必須鑲修以備黃流下
注臣即於河庫例收兩淮欠款內酌籌二十萬
兩催提墊用並請添撥銀十五萬兩督飭道廳
購辦料物趕鑲完竣節經
奏報鈔摺咨部在案茲據徐州淮揚淮海三道將

各廳鑲做欒水埽工丈尺銀數造冊稟送前來
計共用銀三十四萬七千九百二十二兩零臣
復核無浮除飭各該道另造清冊詳送繕疏具
題並送部查核外謹先循例開具清單恭呈
御覽仰祈
勅部查核施行為此繕摺具
奏伏乞
皇上聖鑒謹
奏

工部知道單併發

道光二十五年四月　廿　日

謹將道光二十三年冬江境黄河各廳鑲做禦水埽工動用錢糧循例開具清單恭呈

御覽

計開

徐州道屬

豐北廳

豐下汛吴家樓以南磨盤壩下等工鑲做禦水埽工共長三百十七丈八尺，内拆鑲工長一百九十五丈三尺，牽寬一丈至三丈九尺，高深一丈一尺至一丈八尺；又加鑲工長一百二十二丈五尺，牽寬一丈至三丈五尺，高五尺至七尺。共估需料土夫工銀二萬二千六百四十七兩零。

蕭南廳

碭上汛李家樓大壩工鑲做禦水埽工共長一百六十四丈，内拆鑲工長五十四丈寬六丈至八丈高深一丈一尺至一丈二尺又加鑲工長五十一丈三尺寬六丈至八丈高四尺至五尺共估需料土夫工銀一萬三千四百五十一兩零

銅沛廳

小店汛孫家莊等工鑲做禦水埽工共長一百六十九丈七尺内拆鑲工長一百十八丈八尺牽寬二丈四尺至四丈一尺高深二丈一尺至二丈四尺又加鑲工長五十一丈牽寬二丈五尺至三丈二尺高五尺至七尺共估需料土夫工銀二萬四千五百八十八兩零

睢南廳

王戴二汛峯山四閘下夫五堡各壩空檔護

埽等工鑲做禦水埽工共長六百六十五丈一尺內拆鑲工長一百十七丈九尺寬一丈五尺至五丈高深一丈至一丈三尺又加鑲工長五百四十七丈二尺寬一丈五尺至六丈高四尺至七尺共估需料土夫工銀二萬九千八百二十五兩零

鄆北廳

董五二汛宋家房迤下等工鑲做禦水埽工共長三百八十五丈八尺內補鑲工長六十二丈牽寬一丈五尺至四丈高深二丈五尺至二丈八尺拆鑲工長三十四丈牽寬二丈五尺至三丈二尺高深一丈三尺至一丈五尺加鑲工長二百八十九丈八尺牽寬一丈五尺至四丈五尺高三尺至

五尺共估需料土夫工銀二萬
五千五百六十三兩零

宿南廳

周蔡洋三汛郭家房工尾等工鑲做欄水埽
工共長五百五十六丈二尺内
拆鑲工長三百六十七丈七尺
牵寬三丈至六丈高九尺至一
丈三尺又加鑲工長一百八十
八丈五尺牵寬三丈至五丈高
四尺至七尺共估需料土夫工
銀六萬四千四百八十四兩零

宿北廳

皂古二汛戴家莊迤上等工鑲做欄水埽工
共長四百零八丈三尺内拆鑲
工長一百零七丈一尺牵寬二
丈五尺至五丈二尺高深一丈
一尺至一丈四尺又加鑲工長
三百零一丈二尺牵寬三丈至

五丈三尺高五尺至九尺共估
需料土夫工銀五萬一千一百
九十一兩零

淮揚道屬

桃南廳

煙龍二汛鮑家房等工鑲做禦水埽工共長
三百五十五丈七尺内拆鑲工
長六十六丈五尺寬二丈八尺
至四丈四尺高一丈二尺至一
丈四尺又補鑲工長七十二丈
一尺寬二丈六尺至五丈高深
二丈三尺至二丈五尺又加鑲
工長二百十七丈一尺寬二丈
五尺至四丈七尺高五尺至一
丈一尺共估需料土夫工銀六
萬二千四百五十四兩零

淮海道屬

桃北廳

崔黄二汛夫十九堡等工鑲做禦水埽工共
長二百四十丈内補鑲工長六
十三丈寬三丈四尺至四丈一
尺高深一丈五尺至一丈八尺
又拆鑲工長一百七十七丈寬
三丈三尺至四丈一尺高深一
丈四尺至一丈九尺共估需料
土夫工銀五萬三千七百一十
五兩零

覽

八九〇

交〇 鍾祥等片

再本年豫東黃河兩岸各廳估修歲搶土工係
動用勸捐之款辦理前經
奏准毋庸報銷嗣准工部咨無論修理何項工程
動用何項款銀但係官為經理者概不得奏請
免其造冊報銷當經轉飭各道遵照在案惟查
新定章程每銀一兩應扣平六分所有本年土
工係以勸捐之款覈銷業已撥運各廳修築價
腳是以六分平未經覈扣俾免賠累至中河廳
辦理善後土埽工程非尋常修工可比請照大
工之案除每兩應扣市平二分照例扣存司庫
外其四分平亦未覈扣據開歸河北兗沂三道
會同稟請具
奏前來相應附片陳明伏乞
聖鑒謹
奏
道光二十五年六月十三日奉
硃批該部知道欽此

八九一

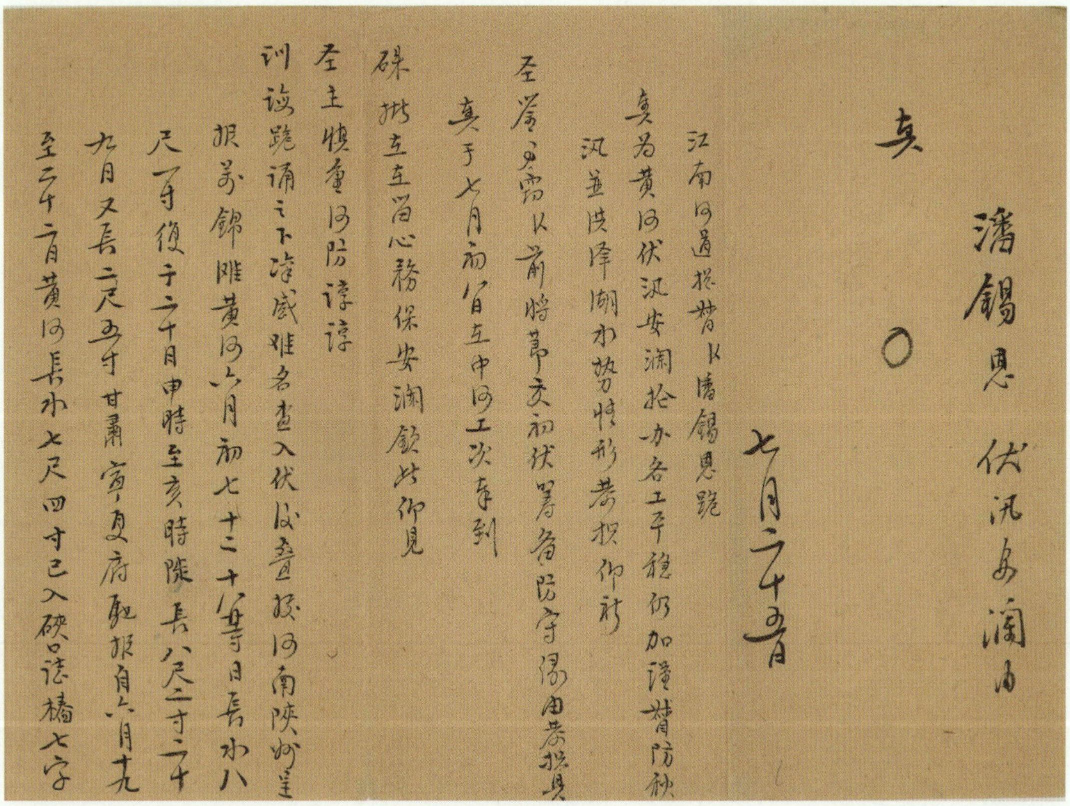
奏
潘錫恩 伏汛安瀾由
○
七月二十五日
江南河道總督臣潘錫恩跪
奏爲黄河伏汛安瀾搶辦各工平穩仍加謹督防秋
汛并洪澤湖水勢情形恭摺仰祈
聖鑒事竊臣前將節交初伏籌備防守緣由恭摺具
奏于七月初八日在中河工次奉到
硃批益當留心務保安瀾欽此仰見
聖主慎重河防諄諄
訓誨跪誦之下倍感難名查入伏以後疊據河南陝州呈
報萬錦灘黄河六月初七十二十八等日長水八
尺寸復于二十日申時至亥時陡長八尺二寸二十
九日又長二尺五寸甘肅寧夏府亦報自六月十九
至二十六日黄河長水七尺四寸已入硤口誌樁七字

四刻跡河南武陟县呈报沁河于六月二十日長
水一尺四寸余核大暑前後沁黄並漲兼之大雨傾注
坡水匯流以致江境各所長河于六月二十四五等日
驟漲二三尺餘寸外南順黄壩該橋積存水至四
丈浩瀚奔騰隨工蟄出如桃南所煙墩汛孫家
庄桃北所崔鎮汛蕭家庄工尾向皆無工因水長
淘刷存堆債盡又銅沛所小店汛兵十九堡迤東
睢南所戴家樓汛陸圩鋪邳北所五工頭汛宋
工頭迤下宿北所皂河汛戴家庄外南所外
河汛潘家庄外北所北岸汛盛家庄山安所
安東汛楊工以下海防所下河汛李家庄海安所
海北汛吴家社海阜所仁和汛陸家庄迤上俱係
淤閉舊埽淘後趁注先後刷塌並間潰及無
工處所情形均属紧要經該廳道將所
管分别於鑲新埽長六十餘丈至一百四千餘丈
不等又外南所属順口攢河上冬用土填閉因臨
黄切近鑲做長埽長三千餘丈得資抵禦而
長水旋亦消落截至立秋日止外南順黄壩存

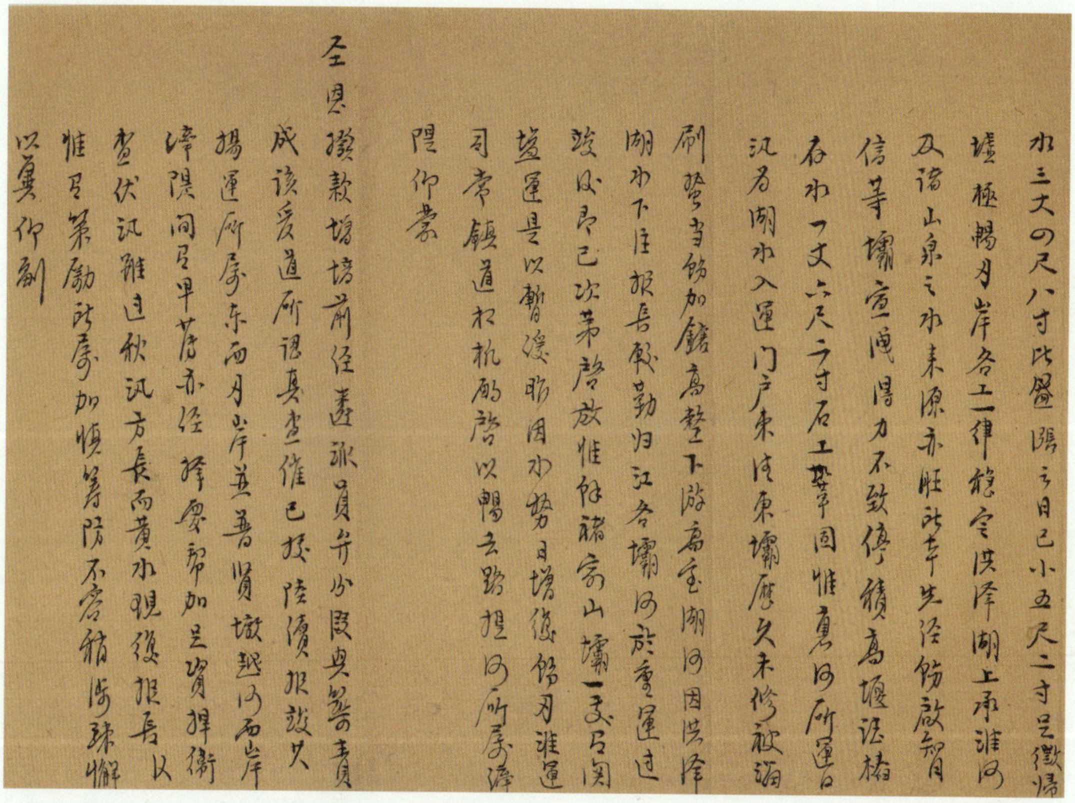
水三丈四尺八寸，比嘗臨之日已小五尺二寸，足徵歸
墟極暢，月岸各工一律穩定。洪澤湖上承淮河
及諸山泉之水，來源亦旺，所幸出路暢啟，智
信等壩宣洩得力，不致停積，高堰護椿
存水一丈六尺二寸，石工埽工固維惠所運口
汛后湖水入運，門戶東清東壩歷久未修，被淹
刷蟄，當飭加鑲高整。下游高寶湖河因洪澤
湖水下注，報長較勤，歸江各壩河於重運過
竣後，即已次第啟放，惟邵伯諸家山壩一處只閉
蓄運，是以暫緩。現因水勢日增，復飭淮運
司、常鎮道相機酌啟，以暢去路。揚河所屬濟
隄仰蒙
聖恩撥款培墊，前經奏派員弁分段興築，責
成該管道所認真查催，已據陸續報竣。其
揚運所屬東西兩岸，並著賢墩越河兩岸
隄隄，同時早竣，亦經擇要幫加，足資捍衛。以
查伏汛雖過，秋汛方長，而黃水現復報長，
惟有策勵所屬加慎籌防，不容稍涉疏懈，
以冀仰副

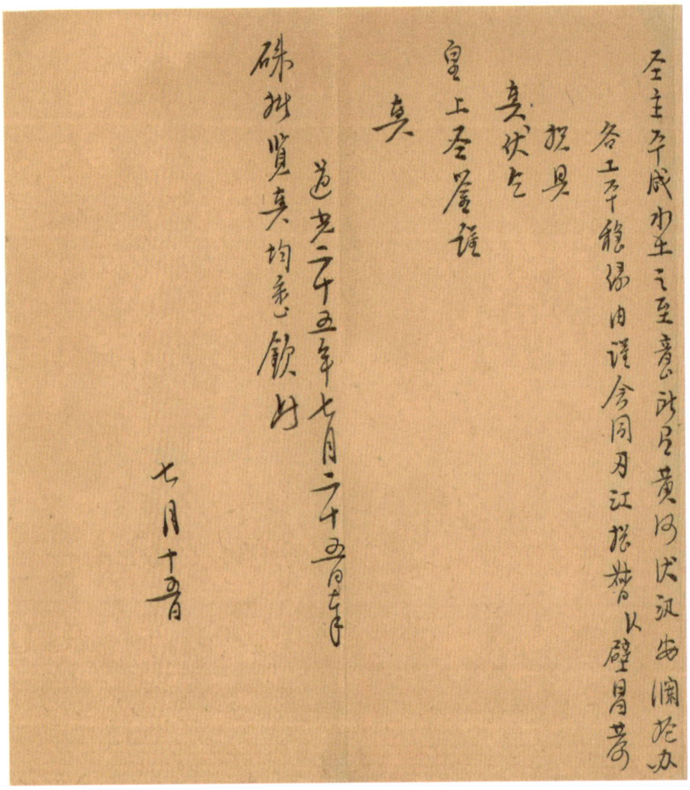
聖主平成水土之至意所有黃河伏汛安瀾及辦
各工平穩緣由謹會同兩江總督臣璧昌恭
摺具
奏伏乞
皇上聖鑒謹
奏
道光二十五年七月二十五日奉
硃批覽奏均悉欽此
七月十一日

八九二

奏

江南河道總督臣潘錫恩跪

奏為黃河伏汛安瀾搶辦各工平穩仍加謹督防

秋汛並洪澤湖水勢情形恭摺仰祈

聖鑒事竊臣前將節交初伏籌備防守緣由恭摺具

奏於七月初八日在中河工次奉到

硃批在在留心務保安瀾欽此仰見

聖主慎重河防諄諄

訓誨跪誦之下凜感難名查入伏後疊據河南陝州

呈報萬錦灘黃河六月初七十二十八等日長

水八尺一寸復於二十日申時至亥時陡長八

尺二寸二十九日又長二尺五寸甘肅寧夏府

馳報自六月十九至二十二日黃河長水七尺

四寸已入硤口誌樁七字四刻跡河南武陟縣
呈報沁河於六月二十一日長水一尺四寸綜
核大暑前後沁黄並漲兼之大雨傾注坡水匯
流以致江境各廳長河於六月二十四五等日
驟漲六尺餘寸外南順黄壩誌樁積存水至四
丈浩瀚奔騰險工疊出如桃南廳煙墩汛孫家
莊桃北廳崔鎮汛蕭家莊工尾向皆無工因水
長溜卧存灘潰盡又銅沛廳小店汛兵十九堡
迤東睢南廳戴家樓汛張里鋪邳北廳五工頭
汛宋工頭迤下宿北廳皂河汛戴家莊外南廳
外河汛潘家莊外北廳北岸汛盛家莊山安廳
安東汛湯工以下海防廳下河汛李家莊海安
廳海北汛吳家社海阜廳仁和汛張家莊迤上
俱係淤閉舊埽溜復趨注先後刷塌並間潰及
無工處所情形均屬緊要經該管道將督同廳
營分别搶鑲新埽長六十餘丈至一百四十餘
丈不等又外南廳屬清口替河上冬用土澆閉
因臨黄切近鑲做護埽長三十餘丈得資抵禦

而長水旋亦消落截至立秋日止外南順黄壩
存水三丈四尺八寸比盛漲之日已小五尺二
寸足徵歸墟極暢兩岸各工一律穩定洪澤湖
上承淮河及諸山泉之水來源亦旺所幸先經
飭啟智信等壩宣洩得力不致停積高堰誌樁
存水一丈六尺二寸石工鞏固惟裏河廳運口
汛為湖水入運門戶東清東壩歷久未修被溜
刷蟄當飭加鑲高整下游高寶湖河因洪澤湖
水下注報長較勤歸江各壩河於重運過竣後
即已次第啟放惟餘褚家山壩一處有關鹽運
是以暫緩昨因水勢日增復飭兩淮運司常鎮
道相機酌啟以暢去路揚河廳屬縴隄仰蒙
聖恩
撥欵增培前經遴派員弁分段興築責成該管
道廳認真查催已據陸續報竣其揚運廳屬東
西兩岸並普賢墩越河西岸縴隄間有卑薄亦
經擇要幫加足資捍衛查伏汛雖過秋汛方長
而黄水現復報長臣惟有策勵所屬加慎籌防
不容稍涉疎懈以冀仰副

聖主平成水土之至意所有黄河伏汛安瀾搶辦各
工平穩緣由謹會同兩江總督臣璧昌恭摺具
奏伏乞
皇上聖鑒謹
奏
覽奏均悉
道光二十五年七月 十五 日

再揚河廳屬東西兩岸縴隄經臣於上冬勘明
殘缺卑薄必應幫加並將臨湖碎石拋砌完整
奏蒙
恩准估辦在案除土工現已辦竣外查臨湖碎石經
前河臣張井於道光十二年
奏明遇風不無掣卸而縴隄所卸不出土石夾塘
之間坦坡所卸亦在隄下水落之後尚可起撈
補用不致全數虚縻等因嗣遇風掣長丈有限
皆於水落之後由該廳汛等督率兵夫起撈補
砌並未另請錢糧本年據淮揚道樊師仲稟稱
碎石質薄而有鋒稜自道光十三四五年砌成
之後閱今十載歷被湖浪撞擊氷雪凝凍稜角
殘缺石塊酥碎今將隄身加幫碎石啟拆損耗
實多不敷復砌請倣照大石工程選四添六之
例於儘數撈選外分别酥損之輕重從省酌添
新碎石一二三成不等牽計每估一方添新石
二分俾得照舊補砌完整不致高矮參差至夫
工一項搬砌照例核給其撈拆仍令兵夫力作

以節錢糧又汜水汛損橋一帶臨湖碎石三段
共長七百三十五丈原高五六尺殊形卑矮應
加高一尺五寸俾資抵禦等情臣復加查核委
屬實在情形當經批發趕辦除俟工完核實驗
收另行開單具
奏外謹先附片陳明伏乞
聖鑒謹
奏

知道了

八九三

鍾祥　伏汛安瀾等由

奏　〇　七月十九日

河東河道總督臣鍾祥跪

奏為豫東黃河伏汛安瀾兩岸工程鑲修平穩現

仍嚴飭籌防秋漲恭摺具陳仰祈

聖鑒事竊照入伏以後河水節長鑲工平穩情形臣經

六月二十九日具

奏在案茲據報黃河水勢於六月十

九日漲起至二十二日陸續共長水七尺四

寸已入硤口誌樁七字四刻陝州呈報萬錦

灘黃河於六月二十九並七月初四日兩次共

長水六尺據寧夏府係在萬錦灘上游不計外

旬日之內來源報長尚不甚旺是以各廳僅長

水二三尺餘寸不等惟前次六月二十日申亥

兩時若銷灘長水八尺二寸下注積勝一經消
退各廳舊埽紛紛蟄塌鑲舊補新幾無虛日臣
仍駐蘭陽適中之地上下督飭現在蟄塌之埽
均已多按次第鑲築穩實時值立秋伏汛安瀾
洵堪仰慰
聖懷所有各廳續鑲之工統俟勘齊再行彙案具
奏此後汛期爲日正長容遲秋漲勤旺臣惟有督
飭道廳加緊籌防並委在工學習之同知森福
于書堂吉昌吏部郎森福主事夔廷戶部郎森福主
事莊緒度前赴各廳協同防守並兩岸長堤本
年雖經幫培臣到工後挨廳詳勘向來河勢切
近必須鑲築埽工以備拋護其隄堰尚形卑矮
應行加高及酌加子堰之處已飭各該道覈實
勘估飭籌辦以禦大汛所籌之工彙入來年
土工案內具
奏至各廳料物錢糧用多務少現亦酌量添備固
不敢稍存虛糜亦不敢拘泥貽誤謹當詳察工
程之平險分別准駁認真稽查總期無枉費之

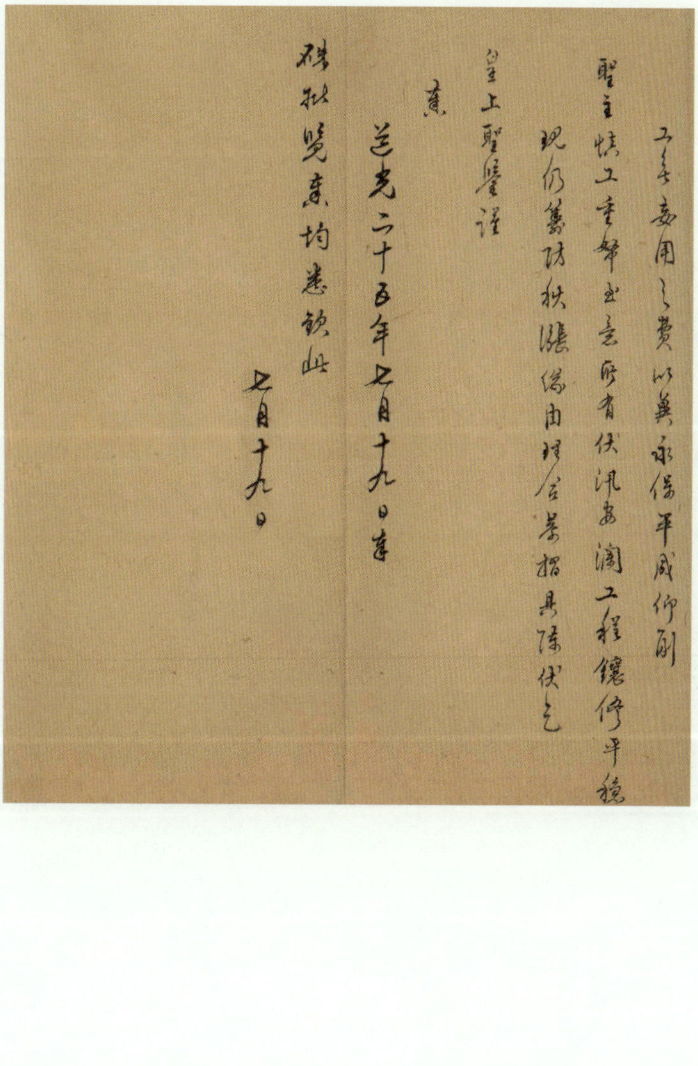

工係要用之費以冀永保平成仰副
聖主慎工重帑至意所有伏汛安瀾工程鑲修平穩
現仍籌防秋漲緣由理合恭摺具陳伏乞
皇上聖鑒謹
奏
道光二十五年七月十九日奏
硃批覽奏均悉欽此
七月十九日

八九四

鍾祥　各工平穩

奏　○

八月初四

河東河道總督臣鍾祥跪

奏為節逾處暑黃河水勢續漲旋消各工鑲修平

穩現仍督飭加慎籌防恭摺奏祈

聖鑒事竊照豫東黃河伏汛安瀾督防秋漲緣由臣于七

月十一日具奏在案。中河所屬報前次長水消落

此雖引溝分溜甚微全河仍靠南岸川字頭壩加長

謹防護著慎查中牟大壩新工關係緊要臣當

即馳往督防撫臣鄂順安亦出省親查隨令同

勘得大壩前河勢如舊大溜仍由西北斜注東

南東壩前托頭二壩埽段上托下蓋最為得力

惟係新鑲之埽水勢漸刷漸深當經臣督飭逐

段加鑲盤壓穩實外拋碎石足資抵禦復查

硃

明該工料物夫工碎石均用多存少缺酌量添
購以期有备無患并責飭在工文武員弁實力防
守不准一刻鬆懈以將一切布置妥協即於赴下
游周歷親勘量驗各所工者無偷減草率熟
石亦查照無虧所有先行報鑲工段無虞理謹
另片奏呈
御覽至黃河水勢據黃沁廳呈報武陟沁河于七月
十三日亥時至十四日丑刻止次共長水五尺八寸陝
州呈報萬錦灘黃河于七月十五並十七日兩次
共長水四尺八寸接續下注以加連朝陰雨伊
洛瀍澗之水無不匯流入黃各廳報長水三四五
尺不等且秋水力勁搜淘根各廳臨黃埽壩迎溜喫
重之處酌量拋護塊石用資防禦仍隨時
覈實要查不任虛糜現在長水雖已見消而加意防
秋汛尚長未便無定以諭仍督飭道廳委員護不可稍忽
加慎籌防斷不敢稍存懈忽總期瀾安工固上
慰
宸懷所有節逾處暑黃河水勢續漲旋消各工鑲做

硃

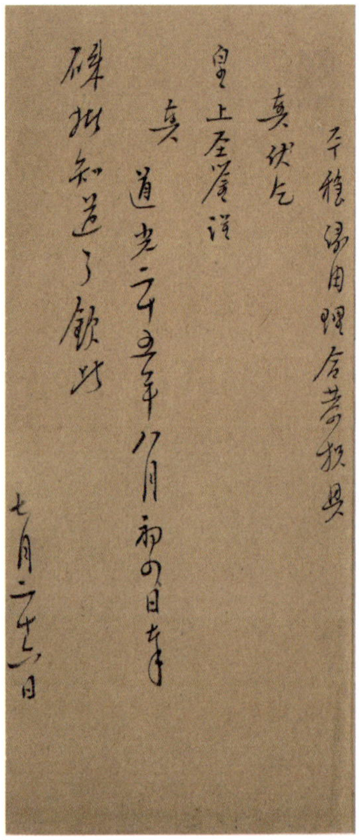

平穩緣由理合恭摺具
奏伏乞
皇上聖鑒謹
奏
道光二十五年八月初四日奉
硃批知道了欽此
七月二十六日

八九五

奏

河東河道總督臣鍾祥跪

奏為節逾處暑黃河水勢續漲旋消各工鑲修平
穩現仍督飭加慎籌防恭摺奏祈
聖鑒事竊照豫東黃河伏汛安瀾督防秋漲緣由臣
於七月十一日具奏後據中河廳稟報前次長
水消落北灘引溝分溜甚微全河仍靠南厓行
走現在加謹防護等情查中牟大壩新工關係
緊要臣當即馳往督防撫臣鄂順安亦出省親
查隨會同勘得大壩前河勢如舊大溜仍由西
北斜注東南東壩前托頭二壩埽段上托下蓋
好
最為得力惟係新鑲之埽水勢漸刷漸深當經
督飭逐段加鑲盤壓穩實外拋碎石足資抵禦

復查明該工料物夫工碎石均用多存少分别酌量添購以期有備無患并嚴飭在工文武員弁實力防守不准一刻鬆懈臣將一切布置妥協即折赴下游周歷親勘量驗各廳土工尚無偷減草率甎石亦查點無虧所有先後報鑲工段勘無虛捏謹另片恭呈

御覽至黄河水勢據黄沁廳呈報武陟沁河於七月十三日亥時並十四日丑刻兩次共長水五尺八寸陝州呈報萬錦灘黄河於七月十五並十七日兩次共長水四尺八寸接續下注加以連朝陰雨伊洛瀍澗之水無不匯流入黄各廳報長水三四五尺不等且秋水力勁搜淘根底臨黄埽壩迎溜喫重之處酌量抛護甎石用資防禦仍隨時覈實嚴查不任虛縻現在長水雖已

加意防護不可稍忽

見消而秋汛尚長來源無定臣謹仍督飭道廳委員加慎籌防斷不敢稍有懈忽總期瀾安工固上慰

宸懷所有節逾處暑黄河水勢續漲旋消各工鑲修

平穩緣由理合恭摺具

奏伏乞

皇上聖鑒謹

奏

知道了

道光二十五年七月二十六日

再臣現勘明豫東黄河各廳先後報鑲之工係
南岸儀睢廳睢州上汛五堡挑水八壩舊埽四
段五堡尾戧頭壩舊埽六段六堡挑水頭壩舊
埽四段均係歷年緩修河勢南卧陸續匯淨分
投補還新埽十四段睢寧廳睢州下汛五堡西
戧壩四埽至十埽係二十二年停修之工底料
朽腐溜注刷塌正在搶鑲間大溜卸至該堡東
挑壩致將上年緩修之頭二三四埽先後匯盡
一併補還共補鑲新埽十一段商虞廳虞城上
汛十四堡順水頭壩上首藏頭埽及該壩三四
埽又順水三壩上首護厓頭二埽並該壩頭二
三四埽係先後緩修之工水長溜逼陸續匯塌
分投搶補新埽九段北岸下北河廳蘭陽汛銅
瓦廂下壩迤下順隄二埽至八埽停修年久又
該汛十三堡二道挑壩頭二埽並二埽以下空
檔頭埽十六堡順隄壩埽工四段十七堡斜頭
壩二三四埽均係緩修舊工水長溜激朽底刷
淨先後補還新埽十七段曹考廳蘭陽下汛頭

堡頭道挑壩頭二兩埽並托壩埽工六段均係
二十三年緩修底料捫朽溜逼匯淨搶鑲新埽
八段又該廳曹上汛十九堡順隄下首二十堡
順隄上首並二十一堡土壩下首順隄二十二
堡下首順隄舊有防風埽工五段均已朽腐漲
水漫灘風浪撞擊無存刷及隄壩趕即照段補
還計長九百四十九丈四尺曹河廳曹下汛五
堡順水頭壩頭二埽及三埽上下段順水二壩
頭二三埽並順水二壩下首空檔埽一段均係
歷年停修河溜圈注先後匯塌當即分投補鑲
其順水頭壩舊埽原分四段今併作三段順水
二壩及下首空檔係照段補還共鑲新埽七段
又該廳曹下汛五堡魚鱗頭壩頭二埽及六堡
碧霞宮前五埽至十一埽俱係二十三年緩修
之工溜注刷塌照段補還內魚鱗頭壩頭埽原
分上下段今併作一段又該廳曹中汛灘水串
注隄根風浪撞擊堪虞擇要於十二堡至十三
堡鑲護防風埽工長三百八十三丈二尺曹單

廳單下汛四堡新頭壩下首人字壩二三兩埽
新二壩藏頭埽頭埽及該壩下首人字壩裹頭
埽並舊三壩三四兩埽俱係停修之工底料捫
朽大溜逼刷陸續塌淨分投補鑲新埽七段又
該廳單下汛十八堡工頭起至十九堡上段內
止隄根低窪土性沙鬆汛漲出槽灘水匯注風
浪汕刷喫重趕於該處鑲做防風埽工三段計
長三百八十八丈以上各工經該管之開歸道
陶福恒河北道龔慶祥兗沂道王懿德督飭鑲
辦穩實抵禦甚為得力其餘卑矮埽段亦俱加
鑲高整理合附片具陳謹
奏

知道了

八九六

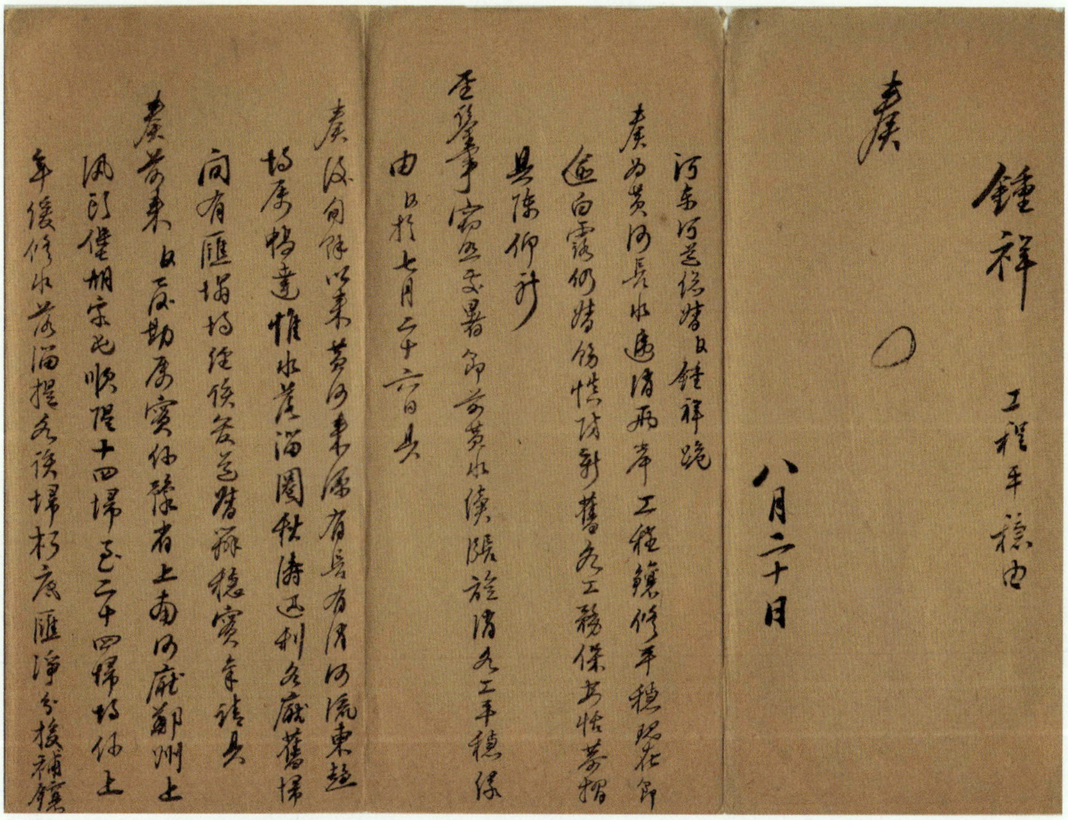

奏

鍾祥

〇

工程平穩由

八月二十日

河東河道總督臣鍾祥跪

奏為黄河長水過清兩岸工程鑲修平穩現在節

逾白露例將[illegible]情[illegible]新舊各工穩保安恬恭摺

具陳仰祈

聖鑒事竊照本年節前黄水續漲旋消各工平穩緣

由臣於七月二十六日具

奏後旬餘以來黄河來源有長有消河流東趨

均屬暢達惟水落溜回勢必迎刷各廳舊埽

向有匯掣均經該管道督飭穩實鑲辦具

奏前來臣覆勘屬實係祥符上南河廳鄭州上

汛所僅胡家屯收閘十四埽至二十四埽均係上

年後修水落溜提各該埽杉底匯淨分撥補鑲

新埽十一段下南以廂祥符上汛二十堡挑水跌壩埽工八段並二十一堡新三壩并頭埽二埽暨雁翅埽內二埽又上下段俱係二年修修之工溜趨刷塌先後補鑲新埽十二段蘭儀廂蘭陽汛十堡挑水三壩上下首空檔北戧埽工九段十一堡挑水二壩頭二三埽挑水三壩迎上順隄埽工五段並挑水三壩頭二三埽均係歷年倭修大溜逼刷各舊埽陸續匯淨共段補還雖寧廂睢州下汛六堡挑水二壩上首順隄舊埽八段底料朽腐溜激搜淘次第刷塌共段補鑲商虞廂虞城上汛十四堡順水四壩迎上首舊磨盤壩迎水空檔頭二三埽並順水五壩頭二三四埽俱係二十三年修修之工溜注搜刷朽底先後匯淨補鑲新埽七段以上各工鑲辦合宜抵禦得力看驗輒在壩工因水勢刷除應行加抛並與埽段兼用抛護碎石者例餘搶節動用不在奏案現值霜降當有四月未為續照常且秋水力勁淘底搜根

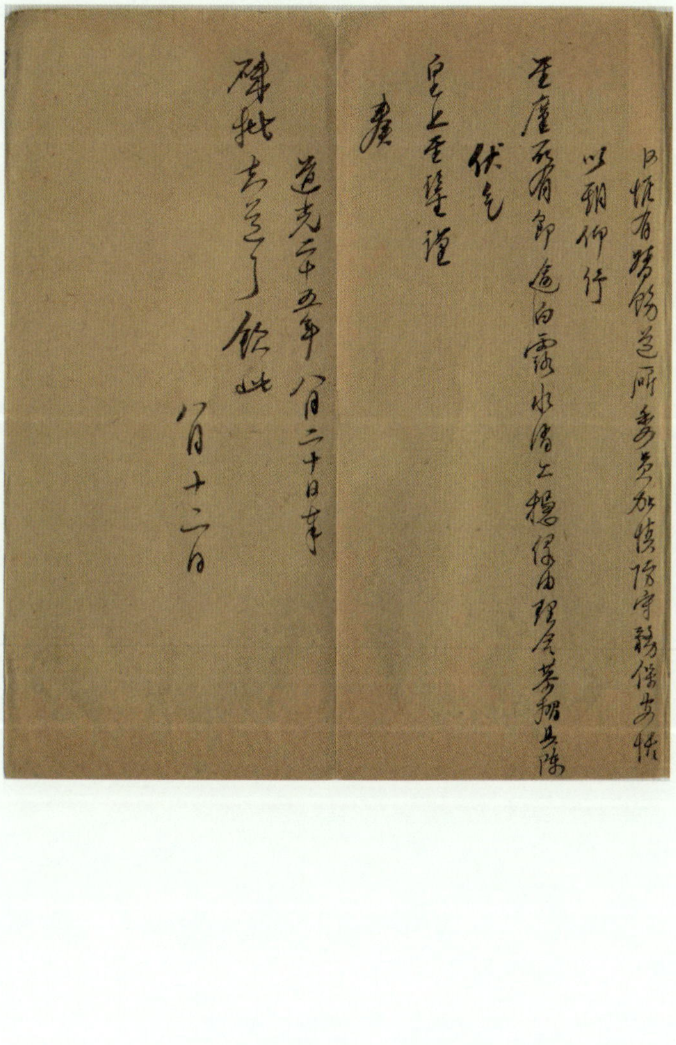

[illegible]情有督飭道廳委員加慎防守務保安恬

以期仰紓

聖廑所有節逾白露水情工穩緣由理合恭摺具陳

伏乞

皇上聖鑒謹

奏

道光二十五年八月二十日奉

硃批知道了欽此

八月十二日

八九七

奏

河東河道總督臣鍾祥跪

奏為黃河長水遞消兩岸工程鑲修平穩現在節逾白露仍督飭慎防新舊各工務保安恬恭摺具陳仰祈

聖鑒事竊照處暑節前黃水續漲旋消各工平穩緣由臣於七月二十六日具

奏後旬餘以來黃河來源有長有消河流東趨均屬暢達惟水落溜圈秋濤迅利各廳舊埽間有匯塌均經該管道督辦穩實稟請具

奏前來臣覆勘屬實係豫省上南河廳鄭州上汛頭堡胡家屯順隄十四埽至二十四埽均係上年鑲修水落溜提各該埽朽底匯淨分投補鑲

新埽十一段下南河廳祥符上汛二十堡挑水
頭壩埽工八段並二十一堡新三壩藏頭埽二
埽暨雁翅埽內二埽分上下段俱係二十三年
停修之工溜趨刷塌先後補鑲新埽十二段蘭
儀廳蘭陽汛十堡挑水三壩上下首空檔北戧
埽工九段十一堡挑水二壩頭二三埽挑水三
壩迤上順隄埽工五段並挑水三壩頭二三埽
均係歷年緩修大溜逼刷各舊埽陸續匯淨照
段補還睢寧廳睢州下汛六堡挑水二壩上首
順隄舊埽八段底料朽腐溜激搜淘次第刷塌
按段補鑲商虞廳虞城上汛十四堡順水四壩
迤上即舊磨盤壩迤東空檔頭二三埽並順水
五壩頭二三四埽俱係二十三年停修之工溜
注搜刷朽底先後匯淨補鑲新埽七段以上各
工鑲辦合宜抵禦得力其餘甎石壩工因水勢
刷深應行加拋並喫緊埽段必須拋護碎石者
仍飭撙節動用不任虛糜現距霜降尚有四旬
來源續漲靡常且秋水力勁淘底搜根臣惟有

督飭道廳委員加慎防守務保安恬以期仰紓

聖廑所有節逾白露水消工穩緣由理合恭摺具陳

伏乞

皇上聖鑒謹

奏

知道了

道光二十五年八月　十二　日

八九八

奏

鍾祥　節届秋分河工平穩由

○　九月初六日

河東河道總督臣鍾祥跪

奏爲節届秋分黄河水平工穩現仍督飭慎防並將來歲

修守事宜豫爲勘籌恭摺具

奏仰祈

聖鑒事竊照節逾白露長水應消工程平穩情形臣于八月十二日

具

奏在案伏查黄河修防關係至重當水長險溜激埽壩

蟄塌之時不能不隨搶隨鑲所云名曰一時之誤如該處小工

平又須嚴實撐抵不准虛糜應期緩急得宜用無枉

費本年黄流安和猶前此至秋前後水勢盛漲防範

河新工周圍要務而以下名廠埽段停修兩載稭料

朽腐大溜提坐樁柱朽幾致鑲修不遑臣上下往來

督辦不敢稍事拘泥，總一律平穩。迄至西霜以後，黄水
雖時有漲落，而來源未旺，隆長當即委員逐廳，可俟卸
緩，不任以不急之工率請鑲辦，其實同滿搜閱舊埽滙
揭必須補鑲者，計上南河廳中牟上汛頭堡楊橋戧三
堤四埽下首舊有順隄埽工內七埽至十埽，係上年停修滙
過滙揭補造新埽四段；中河廳中牟下汛二堡舊頭堤頭
埽及上首埽工三段，並以下廿六楊埽二段，俱係緩修舊工底格
折腐，河滿過刷，先後匯淨補鑲新埽九段；儀睢廳睢州
上汛二堡戧頭堤舊埽三段，戧三堤舊埽八段，均係停修
多年，大溜横注，折底匯盡，分撥二段補造。以上各工，分飭
該管之閱埽逐漸稽收，督辦穩寔抵禦，得以防範霜清
尚有一月，來源未能必其不長，臣仍當督飭道廳暨
汛員出常慎防，不敢稍任鬆懈。至來歲修守事宜，睢
工土工最急之務，蓋以石護埽，以埽護隄，西以隄爲根本，
必須一律高厚，崇墉底防，禦有資，且須勘估得宜，方免避難
就易之弊。現在通飭黄河三道，督同各該廳詳慎確勘，統俟
估竣到齊，臣再親往覆估覈實
奏請分辦，以期工歸實在。

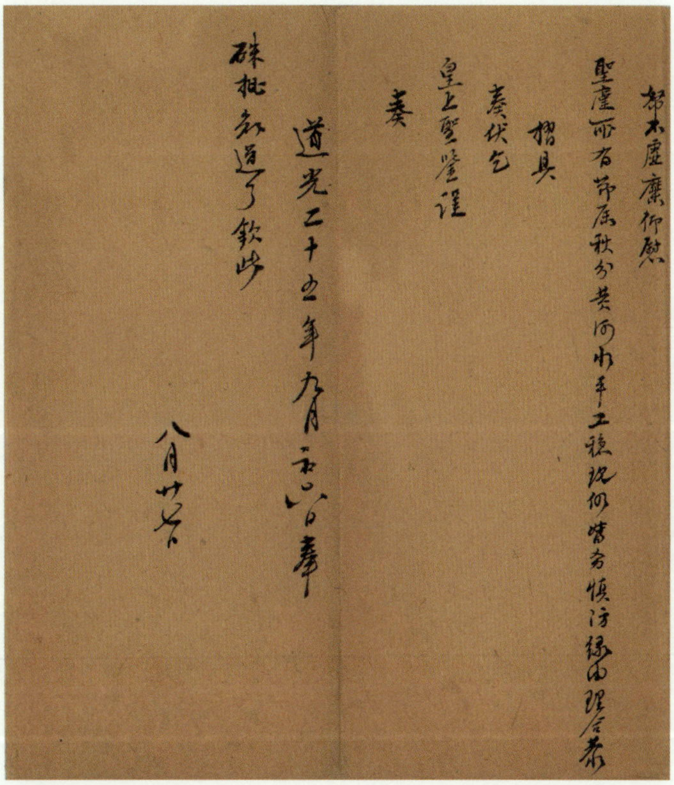

都亦屢康仰慰

聖廑所有節屆秋分黄河水平工穩現仍嚴飭慎防緣由理合恭

摺具

奏伏乞

皇上聖鑒謹

奏

道光二十五年九月初八日奉

硃批知道了欽此

八月廿六

八九九

奏

河東河道總督臣鍾祥跪

奏為節屆秋分黃河水平工穩現仍督飭慎防並將來歲修守事宜豫為勘籌恭摺具

奏仰祈

聖鑒事竊照節逾白露長水遞消工程平穩情形臣於八月十二日具

奏在案伏查黃河修防關係至重當水長溜激埽壩喫重之時不可徒博撙節之名致滋貽誤如值水小工平又須覈實撙辦不准虛糜庶期緩急得宜用無枉費本年黃流初復前此立秋前後水勢盛漲防護中河新工固關緊要而以下各廳埽段停修兩載稭質朽腐大溜提坐摧枯

拉朽幾致鑲修不遑臣上下往來督辦不敢稍
事拘泥始能一律平穩迨交白露以後黄水雖
時有漲消而來源未報陡長當即嚴飭道廳可
緩即緩不任以不急之工率請鑲辦其實因溜
激搜淘舊埽匯塌必須補鑲者如上南河廳中
牟上汛頭堡楊橋戧三壩四埽下首舊有順隄
埽工内七埽至十埽係上年停修溜逼匯塌補
還新埽四段中河廳中牟下汛五堡舊頭壩頭
埽及上首埽工三段並以下空檔埽五段俱係
緩修舊工底料朽腐河溜逼刷先後匯淨補鑲
新埽九段儀睢廳睢州上汛二堡戧頭壩舊埽
三段戧三壩舊埽六段均係停修多年大溜提
注朽底匯盡分投照段補還以上各工飭經該
管之開歸道陶福恒督辦穩實抵禦得力現距
霜清尚有一月來源未能必其不長臣仍當督
飭道廳營汛委員照常慎防不敢稍任鬆懈至
來歲修守事宜惟土工為最急之務蓋以石護
埽以埽護隄要以長隄為根本必須一律高厚

崇墉庶防禦有資且須勘估得宜方免避難就
易之弊現在通飭黃河三道督同各該廳詳慎
確勘統俟估稟到齊臣再親往覆估覈實
奏請飭辦以期工歸實在
帑不虛糜仰慰
聖廑所有節屆秋分黃河水平工穩現仍督飭慎防
緣由理合恭摺具
奏伏乞
皇上聖鑒謹
奏
知道了
道光二十五年八月　二十七　日

九〇〇

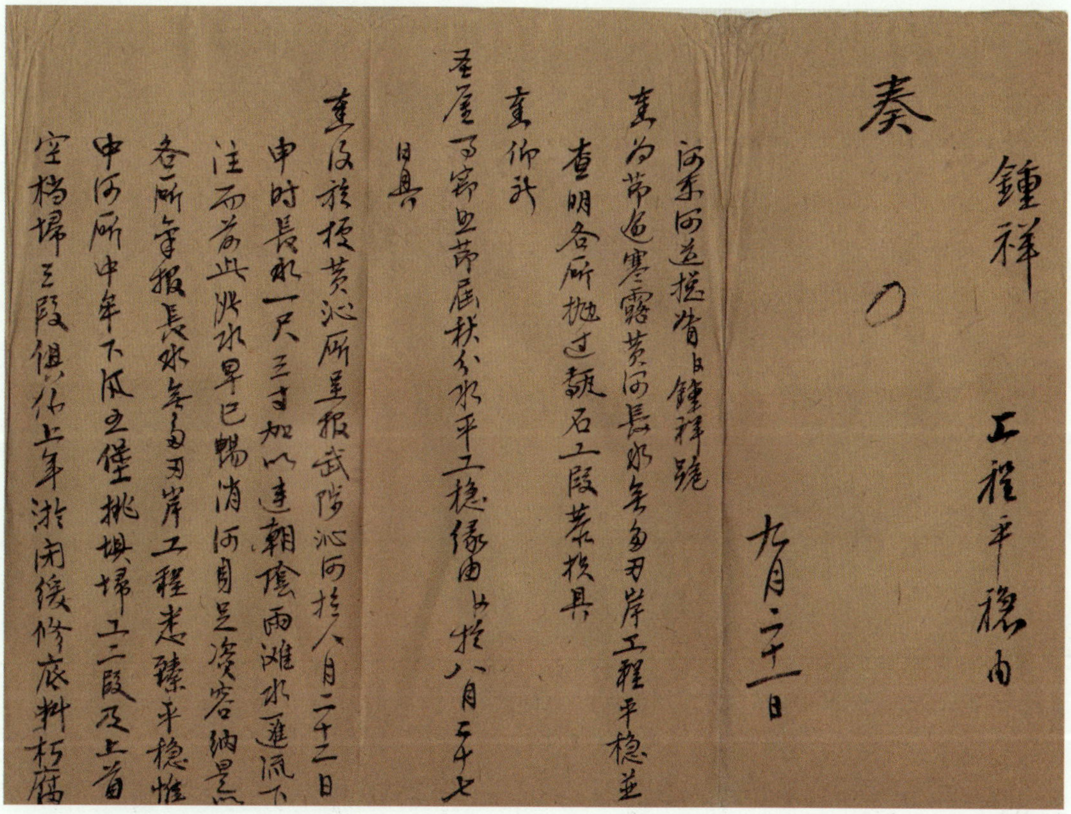

鍾祥
奏○
工程平穩由
九月二十日

河東河道總督臣鍾祥跪
奏為節逾寒露黃河長水無多兩岸工程平穩並
查明各廳搶過磚石工段恭摺具
奏仰祈
聖鑒事竊照節屆秋分水平工穩緣由臣於八月二十七
日具
奏在案茲據黃沁廳呈報武陟沁河於八月二十二日
申時長水一尺三寸加以連朝陰雨灘水匯流下
注而黃沁漲水旱已暢消河身足資容納是以
各廳稟報長水無多兩岸工程悉臻平穩惟
中河廳中牟下汛五堡挑埧埽工二段及上首
空檔埽三段俱係上年漫口閉後修底料朽腐

河湖例法搜淘同时随埽当經督飭道所属段
補还進壓稳实抵禦甚為得力至各所拋石
係陸續拋用雖向有探驗水底收分之法究恐
未能確实必須按旧存及原办拋石確量现存
方数以計拋用数目则有無捏报虚拋不难立
見臣即照此核所查驗尚無虛捏情弊谨將
工名段落分别繕片恭呈
御览現雖霜降雖僅旬日而水未經霜其勢尚勁防
守未敢稍懈並將本年用銀搃数督同各該
道逐詳悉勾稽核实造报其各所现存料垛亦
已飭道委員查点以便於霜後請办防料項下
扣除劃还司庫銀两用昭覈实所有節届
霜降工程平稳缘由理合恭摺具
奏伏乞
皇上聖鑒再霜降恭報安瀾照例由驛馳奏合先
陳明謹
奏
道光二十五年九月二十一日奏

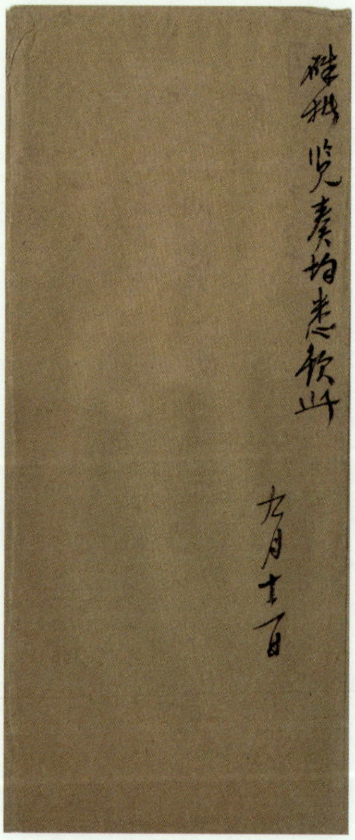
硃批覽奏均悉欽此

九月十二日

後　記

我是從數學史學習中逐步瞭解治黃史的。漢代《許商算術》的作者許商，好天文術數之事的王景、李尋善，他們既是數學家，又以治理黃河而聞名。我國現存最早的河工著作《河防通議》，將中國古典數學天元術運用到治黄工程中，創造了中國古代工程數學的一個高峰。除了數學史之外，内蒙古師範大學科學技術史研究還以少數民族科技史和地方科技史見長。李迪先生曾指出地方科技史研究的重要内容是人與自然環境變遷、科技遺迹與自然環境以及環境與生産的關係，此類研究具有明顯的現實意義和重要價值。想要通過大科學史研究，弄清變遷的原因和未來的發展趨勢，産出對于地方各方面的開發有更大、更直接價值的成果，這類研究大多離不開文獻。之後，李迪先生更是直接指出科技史研究不僅是對過去的科技工作和科技成果的回顧與總結，而且要着眼于現代，讓古人的發明創造爲今人服務，繼續在現代發揮其應有的作用。我將先生大科學史的治學理念視爲座右銘，在科研工作中更加注重讓科研成果服務于國家戰略與區域發展需求。

二〇一九年九月，習近平總書記在黄河流域生態保護和高質量發展座談會上指出，黄河流域在我國經濟社會發展和生態安全方面具有十分重要的地位。黄河流域生態保護和高質量發展是重大國家戰略。同年十月，黨的十九届四中全會提出『加强邊疆治理，推進興邊富民』，首次把邊疆治理寫入黨的文件。內蒙古師範大學組織科研力量，積極申報研究闡釋黨的十九届四中全會精神的國家社科基金重大項目，其中『中國特色社會主義民族區域自治制度自信研究』項目獲批。我承擔其中的『鑄牢中華民族共同體意識下的民族自治地方文化自信研究』子課題，而黃河是首選文化要素。二〇二四年，該項目順利結項，我也對黃河文化所藴含的時代價值有了更深的體會。

有鑒于此，我帶領文化遺産智能應用服務中華民族共同體建設『英才興蒙』團隊，以黃河爲主題，開展了文獻、文物、傳統工藝等多模態資源庫建設和跨模態應用示範工作。這次與內蒙古人民出版社合作出版的《黃河國家治理文獻集成》，旨在梳理和總結文獻中所藴含的歷史經驗和文化信息，爲當代及未來的黃河治理和地方文旅産業發展提供參考與借鑒。

感謝內蒙古民族文化産業研究院、巴彦淖爾市圖書館等单位的傾力相助，感謝內蒙古自治區黨委宣傳部、內蒙古出版集團、內蒙古人民出版社對本項目的支持與幫助。

在此，也向致力于黃河治理和大河安瀾的歷代先賢與當代典範表達崇高的敬意：你們的不懈努力與無私奉獻，爲黃河的安寧與人民的福祉築起了堅實的防綫；你們的智慧與勇氣，將永遠銘刻在中華民族的歷史豐碑上，激勵後人不斷前行。

董杰

二〇二五年一月